普通高等教育"十四五"规划教材

Python程序设计

蓝庆青◎主　编
鲍小忠◎副主编

中国铁道出版社有限公司
CHINA RAILWAY PUBLISHING HOUSE CO., LTD.

内 容 简 介

本书系统讲解了 Python 语言程序设计的基础知识，从 Python 语言的概述、开发环境的下载安装讲起，首先介绍了 Python 语言的基本语法和程序流程控制，然后详细讲解了 Python 语言的特性，如列表和元组、字典与集合，接下来介绍了 Python 语言对函数、文件和面向对象方面的支持，最后讲解了 jieba、numpy、pandas 和 matplotlib 等几个常用的第三方库。

本书结构紧凑、内容全面，对知识点的讲解注重使用浅显易懂的语言描述复杂的概念，并且对每个知识点都搭配了切合实际的例子和源码，力求让读者在短时间内掌握 Python 语言程序设计的基本方法。

本书可作为各类高等院校开设 Python 语言程序设计课程的教材，也可以作为开发人员自学 Python 语言程序设计的参考书。

图书在版编目（CIP）数据

Python程序设计/蓝庆青主编. —北京：中国铁道出版社
有限公司，2023.1
普通高等教育"十四五"规划教材
ISBN 978-7-113-29764-0

I.①P… Ⅱ.①蓝… Ⅲ.①软件工具-程序设计-高等学校-
教材 Ⅳ.①TP311.561

中国版本图书馆 CIP 数据核字（2022）第 196446 号

书　　名：Python 程序设计
作　　者：蓝庆青

策　　划：汪　敏　侯　伟　　　　　　　　编辑部电话：（010）51873628
责任编辑：汪　敏　张　彤
封面设计：郑春鹏
责任校对：苗　丹
责任印制：樊启鹏

出版发行：中国铁道出版社有限公司（100054，北京市西城区右安门西街 8 号）
网　　址：http://www.tdpress.com/51eds/
印　　刷：河北京平诚乾印刷有限公司
版　　次：2023 年 1 月第 1 版　　2023 年 1 月第 1 次印刷
开　　本：787 mm × 1 092 mm　1/16　印张：10.25　字数：185 千
书　　号：ISBN 978-7-113-29764-0
定　　价：35.00 元

前　言

Python 语言是一种简洁而强大的高级程序设计语言。相比其他高级语言，Python 的语法简洁精炼，更重要的是，它是一种开源的程序设计语言，当今世界上已经出现了大量的使用 Python 语言的函数库，涵盖了科学计算、数据分析、网络应用、人工智能等重要的计算机应用领域。如果读者有志于成为这些领域的软件工程师，从学习 Python 语言开始是非常不错的选择。

虽然 Python 语言的语法简单易学，但要在短期内让学生掌握 Python 语言的特点、核心标准库和常用第三方库的使用并完成简单的应用开发，也并不是一件容易的事情。编写本书就是希望给读者呈现一本结构紧凑、内容翔实、深入浅出的教材，帮助读者循序渐进地掌握 Python 语言的语法、特性和函数库的使用等知识，将用计算机解决实际问题的编程思想贯穿始终，完成对学生开发应用能力的培养。本书在讲解绝大多数的知识点时都配备了可以直接运行的例子代码，编写的例子都是直接着眼于要学习的知识点，以最少的代码帮助读者对知识点进行理解，编写时把代码的可读性、可理解性放在比较重要的位置。建议读者在学习时一定要多动手进行编程实践，至少要将本书的所有代码都上机调试成功。一开始上机调试时不可避免地会遇到这样那样的问题，有的问题可能是容易解决的，有的问题可能会花费相当长的时间才能解决，但编程能力就是在解决问题的过程中逐渐提高的。

本书可作为各类高等院校开设 Python 语言程序设计课程的教材，没有编程基础的初学者也可以使用本书。如果读者已经学习过其他编程语言，想学习 Python，本书也是非常不错的参考用书。

编者具备非常丰富的程序设计教学经验，擅于开展案例驱动、翻转课堂、项目实战等教学方式，因此在编写本书时也将编者的教学心得和理念融入其中。感谢浙江理工大学科技与艺术学院对本书编写的大力支持；在本书编写过程中，编者也参考了很多国内外同行的研究成果和互联网上的素材，在这里一并表示感谢。

由于编者水平有限，书中难免存在疏漏之处，敬请广大读者批评指正。

编 者

2022 年 4 月

目　录

第 1 章
Python 语言概述

计算机是人类伟大的发明之一。程序设计语言是让计算机理解人们的想法和意图，使计算机更好地为人们服务。Python 语言是当前主流的程序设计语言之一，本书将带领读者用 Python 语言解决各种实用的计算问题。

1.1 程序设计语言概述

程序设计语言是用来编写计算机程序的语言。按照程序设计语言的规则组织起来的一组计算机指令就是计算机程序。编写计算机程序的过程就是俗称的"编程"，所以程序设计语言也叫编程语言。

从发展历程来看，程序设计语言可以分为机器语言、汇编语言和高级语言。

机器语言是计算机硬件可以直接识别和执行的语言。机器语言是用二进制的代码来表示指令。用机器语言编程的难度大、易出错且难以维护。机器语言显然是一种低级语言。

汇编语言把二进制的机器指令进行了符号化，在计算机发展的早期帮助程序员提高了编程效率。但是汇编语言仍然是一种面向机器的低级语言，要求程序员对底层硬件有足够的了解。

高级语言与低级语言的区别在于高级语言是面向用户的，形式上接近自然语言和数学语言，容易被人们认知和理解。因此高级语言易学易用，通用性强，C、C++、Java、

Python 等都是高级语言。

　　计算机无法直接理解和执行用高级语言编写的程序，必须将高级语言翻译为机器语言才可以执行，这个翻译的过程有两种方式，一种是编译方式，一种是解释方式。

　　编译过程是将源代码一次性转换为目标代码，执行转换的程序称为编译器。一旦编译过程完成，程序的运行就不再需要源代码和编译器了，只需要运行目标代码即可。解释过程是将源代码逐条转换成目标代码同时逐条运行目标代码，执行解释的程序称为解释器。和编译相比，解释在每次程序运行时都需要解释器和源代码。解释过程是一条条的语句翻译和执行，每次运行都要重新翻译一次，效率比较低，但跨平台性、可移植性好，因为只要有源代码，配合不同平台的解释器即可。C、C++、Java 采用的是编译方式，Python 采用的是解释方式。

1.2　Python 语言简介

　　Python 语言是一种面向对象的解释型计算机程序设计语言，在 20 世纪 90 年代初由荷兰人 Guido van Rossum 发布第一个公开版本。Python 的意思是"大蟒蛇"，是因为当时 Guido 对一部英剧 *Monty Python's Flying Circus* 非常感兴趣。

　　由于 Python 语言的简洁性、易读性以及可扩展性，Python 语言已经成为最受欢迎的程序设计语言之一。在国内外很多研究机构开始使用 Python 语言做科学计算，一些知名大学也已经采用 Python 语言作为程序设计语言，如麻省理工学院的计算机科学及编程导论就使用 Python 语言。此外，Python 语言及其众多的扩展库所构成的开发环境十分适合工程技术、科研人员处理实验数据和制作图表，以及开发科学计算应用程序。

　　Python 语言的设计哲学是"优雅""明确""简单"，而且易于学习、功能强大。Python 是完全面向对象的语言，完全支持封装、继承、多态等特征，有利于代码的复用。Python 是免费、开源的语言，用户可以自由地使用、阅读、修改它的源代码。由于 Python 的开源特征，已经被移植到了许多平台上，如 Windows、Linux、Mac OS 等。

1.3　Python 语言的应用领域

　　Python 语言能够承担各类软件的开发工作，如常规的软件开发、Web 开发都可以通过 Python 语言实现。Python 语言提供了很多优秀的开发框架，如 Python+Django 架构可以快速搭建 Web 应用服务。Python 语言在科学计算领域有众多的扩展库，可用于科学计算、图形绘制等。Python 语言是编写网络爬虫获取数据的首选语言。Python 语言在众多数据分析扩展库的支持下，可以对海量数据进行处理。Python 语言在人工智能领域有很多优秀的机器学习库、文本处理库等，为人工智能在各个方向上的应用提供了极大的便利，降低了人工智能应用学习的门槛。Python 语言在云计算、游戏开发等方面同样表现优异。

1.4　搭建 Python 开发环境

1.4.1　开发环境的安装

以 Windows 操作系统为例，安装 Python 开发环境。打开浏览器前往 Python 主页 www.python.org，打开 Downloads 下拉菜单，选择 Windows 选项，单击下载链接，可以看到目前的 Python 版本为 3.10.2，如图 1-1 所示。

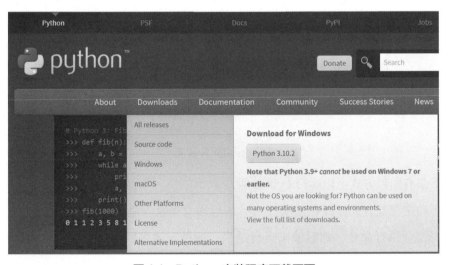

图 1-1　Python 安装程序下载页面

运行下载完成的 Python 安装程序，打开图 1-2 所示界面。注意把 Add Python 3.10 to PATH 选项勾选上，这个选项的作用是把 Python 程序加入环境变量的 Path 变量，加入后就可以在命令行运行 Python 程序了。单击 Install Now 进行程序安装，等待安装完成即可。

图1-2　Python 安装界面

1.4.2　运行 Python 程序

运行 Python 程序的典型方式是使用 Python 的 IDLE（Integrated Development and Learning Environment，集成开发学习环境）。在 Windows 的开始菜单找到 Python 3.10 目录，选择里面的 IDLE 就可以启动 IDLE，IDLE 界面如图 1-3 所示。

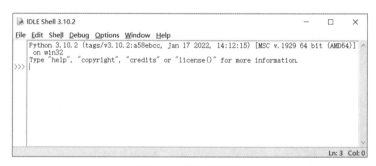

图1-3　IDLE 界面

接下来有两种方式可以运行 Python 程序：

第一种是交互方式，即在提示符 >>> 的后面直接输入命令后按【Enter】键，Python 语言解释器会执行命令，然后输出运行结果。这种方式可以快速查看命令的执行结果，适合快速地进行实验。如在 >>> 后面输入：

```
print("Hello World")
```

然后按【Enter】键，就会输出字符串：

```
Hello World
```

或者输入：

```
1+2
```

然后按【Enter】键，就会显示结果：

3

效果如图 1-4 所示。

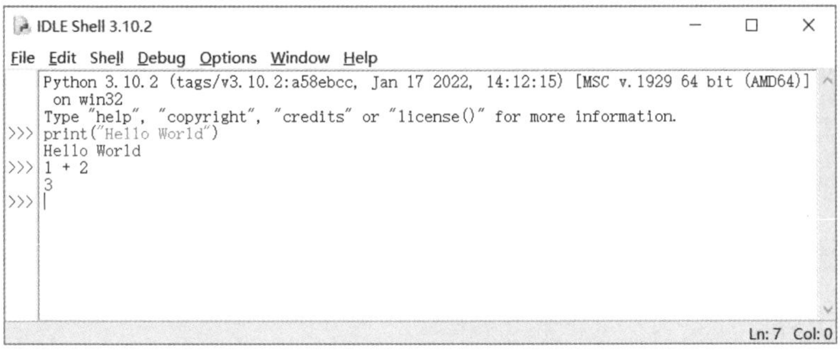

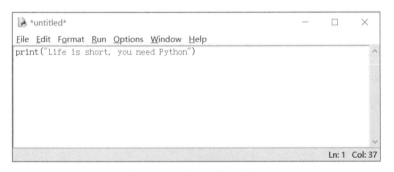

图 1-4　交互式运行

第二种是文件方式。当要编写一个比较复杂的程序时，包含多行代码，就需要把它们都放在一个文件里再运行。在 IDLE 菜单栏中打开 File 菜单，选择 New File 选项，就会创建一个新的文本编辑窗口，这时文件还未创建，因此窗口的标题是 untitled。

在文本编辑窗口中输入：

```
print("Life is short, you need Python")
```

效果如图 1-5 所示。

图 1-5　文件方式输入程序

然后打开文本编辑窗口的 File 菜单，选择 Save as 选项，将代码保存为一个文件，命名为 test.py，这样就创建了一个 Python 源代码文件。

选择 Run 菜单下的 Run Module 命令，就会执行文件中的所有代码，并在 IDLE 主窗口输出执行结果。

交互方式和文件方式本质上是一样的，都是 Python 语言解释器逐行解释和执行 Python 代码。在学习时，为了快速了解一些命令的用法，可使用交互方式；在编写正式的程序时，则需要采用文件方式，便于保存和后续调试运行。

1.4.3 查看 Python 语言的帮助

在学习和使用 Python 语言时，要学会经常去查阅官方的帮助文档。因为 Python 内置了功能非常丰富的库函数，而程序员不可能记住那么多函数的使用方式，因此随时查阅官方文档是非常必要的。不仅学习 Python 语言是这样，学习 Java、C++ 等其他高级语言也是如此。Python 语言的官方文档地址是 https://docs.python.org/，打开后选择语言和版本，选择简体中文（Simplified Chinese）和 3.10 版本即可，如图 1-6 所示。

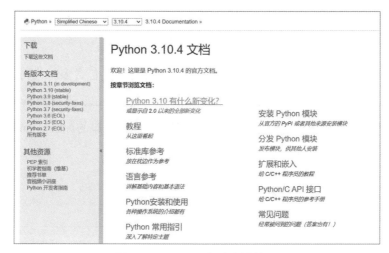

图 1-6　Python 帮助文档首页

通常查阅文档时都是带有特定目的的，比如需要查看某个函数的使用方法，这时可以打开文档主页的搜索页面超链接，如图 1-7 所示。

图 1-7　Python 帮助搜索超链接

打开搜索页面，在文本框里输入要查看的函数名，例如 eval() 函数，会列出所有匹配的和 eval 相关的文档，可以看到第一个就是 eval() 函数的帮助，如图 1-8 所示。

Searching for multiple words only shows matches that contain all words.

eval　搜索

搜索结果

搜索完成，有 73 个页面匹配。

- eval (Python 函数，在 内置函数)
- _PyFrameEvalFunction (C 类型，在 初始化，终结和线程)
- _PyInterpreterState_GetEvalFrameFunc (C 函数，在 初始化，终结和线程)
- _PyInterpreterState_SetEvalFrameFunc (C 函数，在 初始化，终结和线程)
- ast.literal_eval (Python 函数，在 ast --- 抽象语法树)
- bdb.Bdb.runeval (Python 方法，在 bdb --- Debugger framework)
- pdb.Pdb.runeval (Python 方法，在 pdb --- Python 的调试器)
- pdb.runeval (Python 函数，在 pdb --- Python 的调试器)
- Py_eval_input (C 变量，在 The Very High Level Layer)
- PyEval_AcquireLock (C 函数，在 初始化，终结和线程)
- PyEval_AcquireThread (C 函数，在 初始化，终结和线程)

图 1-8　Python 帮助中的 eval() 函数

打开后就可以看到 eval() 函数的详细使用方法，如图 1-9 所示。

eval(*expression*[, *globals*[, *locals*]])

实参是一个字符串，以及可选的 globals 和 locals。globals 实参必须是一个字典。locals 可以是任何映射对象。

表达式解析参数 *expression* 并作为 Python 表达式进行求值（从技术上说是一个条件列表），采用 globals 和 *locals* 字典作为全局和局部命名空间。如果存在 globals 字典，并且不包含 __builtins__ 键的值，则在解析 *expression* 之前会插入以该字符串为键以对内置模块 builtins 的字典的引用为值的项。这样就可以在将 globals 传给 eval() 之前通过向其传入你自己的 __builtins__ 字典来控制可供被执行代码可以使用哪些内置模块。如果 locals 字典被省略则它默认为 globals 字典。如果两个字典都被省略，则将使用调用 eval() 的环境中的 globals 和 locals 来执行该表达式。注意，*eval()* 无法访问闭包环境中的 嵌套作用域 (非局部变量)。

返回值就是表达式的求值结果。语法错误将作为异常被报告。例如：

```
>>> x = 1
>>> eval('x+1')
2
```

该函数还可用于执行任意代码对象（比如由 compile() 创建的对象）。这时传入的是代码对象，而非一个字符串了。如果代码对象已用参数为 *mode* 的 'exec' 进行了编译，那么 eval() 的返回值将为 None。

图 1-9　eval() 函数帮助

除了 Python 标准库，Python 语言还可以使用大量的第三方库实现更加丰富的功能，这时就需要去查阅第三方库的文档，例如 pandas 库，文档网址为 https://pandas.pydata.org/pandas-docs/stable/。

▌ 小　　结

本章简单介绍了程序设计语言，介绍了 Python 语言的发展、特点和应用，最后介绍了 Python 语言集成开发环境的安装和使用，以及帮助文档的查看和使用。

▌ 练习与思考

1. 什么是程序设计语言？什么是高级程序设计语言？

2. 高级程序设计语言翻译成机器语言有哪两种方式？区别是什么？

3. 有以下代码：

```
print("Life is short, you need Python")
```

分别用交互式和文件式运行上述代码，体会两种方式的异同。

4. 查阅 type() 函数的官方帮助文档。

第2章
Python 语言基本语法

本章介绍 Python 语言的基本语法。读者通过本章的学习了解 Python 语言的基本程序设计规范，实现 Python 编程的入门，为后续章节的学习打好基础。

2.1 标识符和变量

2.1.1 标识符

标识符是指用来标识某个实体的符号。在程序设计语言中，标识符是用户编程时使用的各种名字，如变量、常量、函数、语句块都可以有自己的名字，这些名字统称为标识符。标识符由字母、下划线和数字组成，且不能以数字开头。下面是正确的标识符：my_Int、Obj3、_myTest。

下面是错误的标识符：my-Int（非法符号 -）、3Obj（数字开头）、myTest!（非法符号！）。

Python 中的标识符是分大小写的，如 Num 与 num 是不同的标识符。

以双下划线开始和结束的标识符通常具有特殊的含义，如 __int__ 表示类的构造函数，自定义标识符时一般应该避免使用。

程序员在编写标识符的时候应该考虑可读性，尽量做到见文知义。当变量名或函数名是由多个单词联结在一起时，一般第一个单词以小写字母开始，第二个单词及以后的每个单词以大写字母作为首字母，如 myGetInt。

在实际项目尤其是多人合作开发的大型项目中，程序的可读性是非常重要的。根据软件工程理论，软件生命周期中占时间最长的阶段是软件维护，在这一阶段对程序进行改进和纠错。软件工程师是一个流动性非常强的职业，因此在软件维护阶段有很大可能是维护其他人编写的程序。如果程序的可读性不好，让人难以理解，就很难进行软件维护。编写的标识符能让人一看就懂得其大致代表了什么含义，是提高程序可读性的重要方面。

2.1.2 关键字

Python 中还有一些预先定义好的具有特殊功能的标识符，即关键字。关键字是 Python 语言已经使用了的，所以不允许程序员定义和关键字相同名字的标识符，如 if、while 都是关键字，都不能用来当标识符。可以用两种方式显示 Python 语言的全部关键字：

第一种：

```
>>>import keyword
>>>print(keyword.kwlist)
['False','None','True','and','as','assert','async','await','break',
'class','continue','def','del','elif','else','except','finally','for','from
','global','if','import','in','is','lambda','nonlocal','not','or','pass',
'raise','return','try','while','with','yield']
```

第二种：

```
>>>help()
help> keywords
Here is a list of the Python keywords.Enter any keyword to get more help.
False           class           from            or
None            continue        global          pass
True            def             if              raise
and             del             import          return
as              elif            in              try
assert          else            is              while
async           except          lambda          with
await           finally         nonlocal        yield
break           for             not
```

用 "#" 开始的语句是注释语句，可以从任意位置开始书写，Python 解释器会忽略注释语句。良好的注释语句可以提高代码的可读性。

2.1.3 变量

Python 语言中的变量是用来标识和引用对象的。变量名必须符合标识符的命名规则。

Python 是动态类型的语言，变量不需要显式声明类型，根据变量的赋值，解释器会自动确认变量的类型。通过内置的 type() 函数，可以获取对象的类型。各种数据类型的具体含义和使用方法将在后面讲解。

　　例 2.1　获取对象的类型。

```
>>>m = 2
>>>type(m)
<class'int'>
>>>m = 2.1
>>>type(m)
<class'float'>
>>>m ="Hello"
>>>type(m)
<class'str'>
>>>m = 5 + 4j
>>>type(m)
<class'complex'>
>>>m = True
>>>type(m)
<class'bool'>
>>>m = [1,2,3]
>>>type(m)
<class'list'>
```

　　变量需要赋值才能使用，如前面的 $m = 2$ 就是赋值语句，即将数值 2 赋给变量 m。变量赋值的语法格式为

```
变量 = 表达式
```

　　Python 语言还支持将以逗号分隔的多个表达式同时赋给相同个数的变量，如 $x, y = 100, 200$ 实现了将数值 100 赋给 x，将数值 200 赋给 y。

　　采用这种赋值方式，可以方便地进行两个变量值的互换：

```
x, y = y, x
```

2.2　数据的输入和输出

　　使用 Python 语言内置的输入函数 input() 和输出函数 print() 来实现程序和用户的交互。

2.2.1 输入函数

输入函数获取用户通过键盘输入的数据，并可以直接赋值给字符串变量，因为用户输入的任何内容都是以字符串形式存储的。语法格式为

```
变量 = input("提示字符串")
```

例 2.2 input() 函数输入字符串。

```
>>>name = input("Please input your name:")
Please input your name:Andy
>>>name
'Andy'
```

如果需要从输入中获取数值，需要用 int() 函数将字符串进行类型转换：

```
>>>x = int(input("请输入一个数字:"))
请输入一个数字:10
>>>x
10
```

也可以利用求值函数 eval() 实现同样的效果：

```
>>>x = eval(input("请输入一个数字:"))
请输入一个数字:10
>>>x
10
```

可以用 input() 函数配合 split() 函数实现一行输入多个值，多个值之间用空格分开：

```
>>>x,y = input("请输入 2 个值:").split()
请输入 2 个值:3 4
>>>x
'3'
>>>y
'4'
```

2.2.2 输出函数

可以使用 Python 内置的输出函数 print() 在屏幕上显示信息。print 语句以文本形式显示信息，如果参数是表达式，则先对表达式求值，再将结果输出。print 语句可以一次输出多个值，输出的多个值之间用空格分隔。print() 函数输出完所有内容之后，会自动换行。

例 2.3 print() 函数输出。

```
>>>print(3)
3
```

```
>>>print(3 * 5)
15
>>>print("3 + 5 =", 3 + 5)
3 + 5 = 8
>>>print(3, 5)
3 5
>>>x = 3
>>>print(x)
3
```

如果希望 print() 函数输出之后不换行，可以用 end 参数指定 print() 函数输出结束之后继续输出的值，默认为换行符。

例 2.4　print() 函数的换行设置。

```
print("3 + 5 =", end=" ")
print(3 + 5)
```

运行后结果如下：

```
3 + 5 = 8
```

由于 end 参数设置为空格，输出"3 + 5 ="之后又输出了一个空格，没有换行。

2.3　数　值

计算机的一个重要作用就是数值运算，Python 语言提供了方便强大的数值运算功能。Python 数值类型包括整数、浮点数和复数。

2.3.1　整数

Python 语言用 int 表示整数类型。Python 中整数默认为十进制，也可以用前缀指定为其他进制：

（1）0b 或 0B 表示二进制；

（2）0o 或 0O 表示八进制；

（3）0x 或 0X 表示十六进制。

例 2.5　Python 的不同进制。

```
>>>0b10
2
>>>0o10
8
```

```
>>>0x10
16
>>>10
10
```

在其他程序设计语言中，数值一般会有位数限制，无法直接进行大数运算，而在
Python 中可以直接进行大数运算，这是 Python 适合数值运算的一个很大的优点。

例 2.6　Python 进行大数运算。

```
>>>10**100   #10 的 100 次方
10000000000000000000000000000000000000000000000000000000000000000000000
0000000000000000000000000000000
```

2.3.2　浮点数

浮点数就是小数，如 1.32、-5.777。对于很大或很小的浮点数，就需要用科学计数
法表示，如 1.32e9 表示 1.32×10^9，3.2e-7 表示 0.00000032。

整数和浮点数可以相互转换，float() 函数可以将整数转换为浮点数，int() 函数可以
将浮点数转换为整数。

例 2.7　整数和浮点数转换。

```
>>>float(8)
8.0
>>>int(3.9)
3
```

2.3.3　复数

复数类型在科学计算中十分常见，许多科学和工程问题需要用复数求解。Python 语
言直接支持复数运算。复数由实部和虚部组成，虚部用 j 表示。对于复数 a，可以用 a.real
和 a.imag 分别获取实部和虚部。可以用 complex(x, y) 生成一个复数，实部为 x，虚部为 y，
y 可以省略，表示虚部为 0。

例 2.8　Python 的复数运算。

```
>>>a=2+3j
>>>a.real
2.0
>>>a.imag
3.0
>>>complex(3, 4)
(3+4j)
```

```
>>>complex(3)
(3+0j)
```

2.3.4 数值运算

Python 语言内置了进行一般数学运算的数值运算符和函数。内置的意思是 Python
语言解释器直接提供，不需要引用标准库或第三方库。

Python 语言内置的数值运算符见表 2-1。

表 2-1 内置的数值运算符

运 算 符	用 法	功 能
+	$x + y$	实现 x 与 y 相加
−	$x-y$	实现 x 与 y 相减
*	$x * y$	实现 x 与 y 相乘
/	x / y	实现 x 与 y 相除
//	$x // y$	x 与 y 的整数商
%	$x \% y$	x 与 y 相除的余数，也称模运算
**	$x ** y$	x 的 y 次方，即 x^y

数值运算符都可以与"="组成赋值运算符，如 $x = x + y$ 可以写成 $x += y$。

与数值运算相关的内置函数见表 2-2。

表 2-2 内置的数值运算函数

函 数	描 述
abs(x)	x 的绝对值
divmod(x, y)	($x // y, x \% y$)，输出为二元组形式（元组的概念在后面章节讲解）
pow($x, y[, z]$)	($x ** y$) % z，[ ] 里的内容是可选参数，省略后就变成了 pow(x, y)
round($x[$, ndigits$]$)	对 x 四舍五入，保留 ndigits 位小数。如果省略 ndigits，round(x) 返回四舍五入后的整数值
max($x_1, x_2, \cdots, x_n$)	返回 $x_1, x_2, \cdots, x_n$ 中的最大值
min($x_1, x_2, \cdots, x_n$)	返回 $x_1, x_2, \cdots, x_n$ 中的最小值

abs() 函数的参数既可以是实数，也可以是复数。复数并没有绝对值的概念，abs()
计算的是复数的模，即复数的实部与虚部的平方和的正的平方根的值，它的几何意义是
复平面上一点到原点的距离。

例 2.9 Python 的内置数值运算函数。

```
>>>abs(-5)
5
>>>abs(3 + 4j)
5.0
>>>divmod(16, 3)
(5, 1)
```

```
>>>pow(2, 4)
16
>>>pow(2, 4, 3)
1
>>>max(3, 0, -1, 2)
3
>>>min(3, 0, -1, 2)
-1
```

2.3.5 math 库

利用 Python 的函数库编程是利用 Python 语言生态环境的重要方面。这些函数库有的是 Python 环境默认支持的，称为标准函数库或内置函数库，有的是需要安装的第三方函数库。math 库是 Python 的数学计算标准函数库，提供了 4 个数学常数和 44 个函数。math 库提供的函数较多，没有必要全部记住它们的使用方法，只需要知道它们能提供什么功能即可，具体的使用方法在使用的时候再去查阅函数参考文档。

math 库中的函数不能直接使用，需要先引用该库，有两种方法：

第一种：

```
import math
```

然后就可以以 math. 函数名 () 的形式使用函数了，如：

```
>>>import math
>>>math.fabs(-10)
10
```

第二种：

```
from math import 函数名
```

然后就可以直接以函数名 () 的形式使用函数，如：

```
>>>from math import fabs
>>>fabs(-10)
10
```

第二种方法还有一种形式是 from math import *，使用通配符 *，这样 math 库的所有函数都可以直接使用了，并且不需要加 math. 前缀。

一般来说还是提倡使用第一种方法，即连同前缀一起使用，程序的可读性会更好。

导入其他的库的方法和导入 math 库的方法相同。

math 库的常用函数和常数见表 2-3。

表 2-3　math 库的常用函数和常数

函数或常数	数学形式	描　　述
math.pi	π	圆周率
math.e	e	自然常数
math.fabs(x)	$\|x\|$	返回 x 的绝对值
math.ceil(x)		向上取整，返回不小于 x 的最小整数
math.floor(x)		向下取整，返回不大于 x 的最大整数
math.gcd(x, y)		返回 x 与 y 的最大公约数
math.trunc(x)		返回 x 的整数部分
math.pow(x, y)	x^y	返回 x 的 y 次幂
math.exp(x)	e^x	返回 e 的 x 次幂，e 是自然常数
math.sqrt(x)	$\sqrt{x}$	返回 x 的平方根
math.log2(x)	$\log_2 x$	返回以 2 为底 x 的对数
math.log10(x)	$\log_{10} x$	返回以 10 为底 x 的对数
degrees(x)		x 为弧度值，返回对应的角度值
radians(x)		x 为角度值，返回对应的弧度值
hypot(x, y)	$\sqrt{x^2+y^2}$	返回 (x, y) 坐标到原点的距离
math.log(x[, base])	$\log_{base} x$	返回以 base 为底 x 的对数，只输入 x 时，返回自然对数 $\ln x$
math.sin(x)	$\sin x$	返回 x 的正弦函数值，x 为弧度值
math.cos(x)	$\cos x$	返回 x 的余弦函数值，x 为弧度值
math.tan(x)	$\tan x$	返回 x 的正切函数值，x 为弧度值
math.asin(x)	$\arcsin x$	返回 x 的反正弦函数值，x 为弧度值
math.acos(x)	$\arccos x$	返回 x 的反余弦函数值，x 为弧度值
math.atan(x)	$\arctan x$	返回 x 的反正切函数值，x 为弧度值

例 2.10　math 库的常用函数和常数。

```
>>>pi
3.141592653589793
>>>e
2.718281828459045
>>>fabs(-10)
10.0
>>>ceil(9.4)
10
>>>floor(9.6)
9
>>>gcd(18, 48)
6
>>>trunc(9.9)
9
>>>pow(2, 3)
```

```
8.0
>>>exp(3)
20.085536923187668
>>>sqrt(9)
3.0
>>>degrees(pi)
180.0
>>>radians(180)
3.141592653589793
>>>hypot(3, 4)
5.0
>>>log(e)
1.0
>>>log(9, 3)
2.0
```

2.4 字 符 串

2.4.1 字符串基础

存储和处理文本信息是计算机应用的重要内容，文本信息通常用字符串来表示。字符串是字符的序列表示，可以由一对单引号（ ' '）、双引号（ " "）包含。如果引号本身就是字符串中的内容，那包含字符串的引号就用另一种引号。如下面两个字符串：

```
"Andy's father is tall."
'He says:"Good."'
```

如果字符串的内容里面既有单引号也有双引号，那就可以用一对三引号来包含字符串，三引号可以是三个单引号组成（ ''' '''），也可以是三个双引号组成（ """ """），如：

```
'''Andy's father "is" tall.'''
"""Andy's father "is" tall."""
```

三引号还用于字符串有多行时的情况：

```
'''Hello
World'''
```

这样生成的字符串，实际中间有一个换行符 \n：

```
'Hello\nWorld'
```

这里的反斜杠字符 \ 被称为转义字符，即该字符与后面的字符组合表示一种新的含义，如 \n 表示换行，\' 表示单引号，\" 表示双引号，\t 表示制表符 Tab，\\ 表示反斜杠等。

在字符串里含有引号等特殊字符时，可以利用转义字符，表示这些特殊符号是字符串的一部分，不要作为组成语法的字符，这样也不用考虑字符串是用单引号还是双引号来包含，统一用一种即可。

例 2.11　Python 的转义字符。

```
>>>print('Andy\'s father \"is\" tall.')
Andy's father "is" tall.
>>>print("Andy\'s father \"is\" tall.")
Andy's father"is"tall.
>>>print("Andy\'s father \"is\"\tall.")
Andy's father"is" all.
>>>print("Andy\'s father \"is\"\\tall.")
Andy's father"is"\tall.
```

2.4.2　字符串的序号和区间访问

字符串是一个字符的序列，可以通过序号来访问字符串中的字符。Python 语言中的字符串有两种序号体系，分别是正向递增序号和反向递减序号。正向递增序号从左往右编号，最左侧的编号为 0，向右依次加 1，这和 C、C++、Java 等常用高级语言是一致的。反向递减序号从右往左编号，最右侧的编号为 -1，向左依次减 1。

例 2.12　字符串的序号访问。

```
>>>s ="Hello World"
>>>s[0]
'H'
>>>s[-1]
'd'
>>>s[4]
'o'
>>>s[-5]
'W'
```

字符串可支持区间访问方式，又称字符串的切片访问，采用 [M:N] 的形式，表示字符串中序号从 M 到 N 的子字符串（不含 N）。正向递增序号和反向递减序号可以混合使用。M 和 N 都是可以省略的，如果省略了 M，表示从字符串的开始取起；如果省略了 N，表示取到字符串结束为止；如果 M 和 N 都省略，表示取整个字符串。

例 2.13　字符串的区间访问。

```
>>>s ="Hello World"
>>>s[1:4]
```

```
'ell'
>>>s[1:-1]
'ello Worl'
>>>s[:4]
'Hell'
>>>s[-4:]
'orld'
>>>s[:]
'Hello World'
>>>s[-1:1]
''
```

注意最后一个区间访问语句，因为默认顺序是从左至右，因此 s[-1:1] 没有返回任何字符串。

区间访问可以设置子字符串的顺序，需要再增加一个参数，形式为 [*M:N:P*]。当 *P*>0 时，表示从左向右截取，这也是默认的截取方向；当 *P*<0 时，表示从右向左反向截取。*P* 的绝对值还起到步长的作用，*P* 的绝对值减 1，表示取字符的间隔，如 *P*=1 或 -1 时，表示依次截取，当 P=2 或 -2 时，表示每取一个字符后就跳过一个字符再继续截取。

例 2.14 字符串的定制区间访问。

```
>>>s ="Hello World"
>>>s[-1:1:-1]
'dlroW oll'
>>>s[-1:1:-2]
'drWol'
>>>s[:-5:3]
'Hl'
>>>s[::-1]
'dlroW olleH'
```

最后一个语句 s[::-1] 可以用来获取一个字符串的逆序。

2.4.3　字符串操作符

表 2-4 为 Python 语言提供的基本字符串操作符。

表 2-4　字符串操作符

操 作 符	用　　法	描　　述
+	*x* + *y*	将字符串 *x* 和字符串 *y* 拼接，如 'ABC'+'1234' 结果为 'ABC1234'
*	*x* * *y*	字符串 *x* 复制 *y* 次，如 'ABC' * 3 结果为 'ABCABCABC'，*y* 必须是整数
in	*x* in *y*	判断字符串 *x* 是否为字符串 *y* 的子串，返回布尔值。如 'A' in 'Andy' 结果为 True，'a' in 'Andy' 结果为 False

2.4.4　字符串处理函数

表 2-5 为 Python 语言提供的与字符或字符串处理相关函数。

表 2-5　字符或字符串处理函数

函　　数	描　　述
len(x)	获取字符串 x 的长度
str(x)	将 x 转换为字符串类型，x 为任意类型
chr(x)	返回 Unicode 编码为 x 的字符
ord(x)	返回字符 x 的 Unicode 编码值
hex(x)	将整数 x 转换为十六进制表示，并返回其小写字符串形式
oct(x)	将整数 x 转换为八进制表示，并返回其小写字符串形式

例 2.15　字符串处理函数。

```
>>>len(' 你好 ')
2
>>>str(100.01)
'100.01'
>>>str(5 * 10)
'50'
>>>hex(17)
'0x11'
>>>oct(17)
'0o21'
>>>oct(0x12)
'0o22'
```

计算机内部是用二进制数字来存储各类信息的，包括文本信息，所以文本信息的每个字符在计算机内部也用数字来表示，把字符转换为数字表示的过程称为编码。目前，计算机系统使用的一个重要编码是 ASCII 编码（American Standard Code for Information Interchange，美国标准信息交换代码）。ASCII 编码针对英文字符设计，因此现在计算机系统使用的覆盖更广的编码标准是 Unicode 编码。Python 语言使用的就是 Unicode 编码标准。

函数 ord() 和函数 chr() 用于在单个字符和 Unicode 编码值之间做转换。

【例 2.16】　函数 ord() 和函数 chr() 的使用。

```
>>>ord('A')
65
>>>ord('a')
97
>>>ord('1')
49
```

```
>>>chr(66)
'B'
>>>chr(51)
'3'
```

2.4.5 字符串处理方法

在 Python 语言内部，所有的数据类型都采用面向对象方式实现，被封装成一个类，类的成员函数称为方法。字符串也是一个类，也有内置的方法用于字符串的检测、替换和排版等操作。

1. 查找类

字符串查找类的常用方法见表 2-6。

表 2-6 字符串查找类方法

方　　法	描　　述
str.find(sub[, start[, end]])	字符串 str 中查找 sub 子串首次出现的位置(从左往右找)，如果没找到，返回 −1。start 和 end 是可选参数，用来指定查找的起点和终点
str.rfind(sub[, start[, end]])	字符串 str 中查找 sub 子串首次出现的位置(从右往左找)，如果没找到，返回 −1。start 和 end 是可选参数，用来指定查找的起点和终点
str.index(sub[, start[, end]])	字符串 str 中查找 sub 子串首次出现的位置（ 从左往右找 ），如果没找到则抛出异常。start 和 end 是可选参数，用来指定查找的起点和终点
str.rindex(sub[, start[, end]])	字符串 str 中查找 sub 子串首次出现的位置（ 从右往左找 ），如果没找到则抛出异常。start 和 end 是可选参数，用来指定查找的起点和终点
str.count(sub[, start[, end]])	字符串 str 中 sub 子串出现的次数，如果不存在则返回 0。start 和 end 是可选参数，用来指定查找的起点和终点

index() 函数和 find() 函数基本相同，除了未查找到时，前者抛出异常，后者返回 −1。rindex() 函数和 rfind() 函数的区别也是如此。

例 2.17 字符串查找类的使用。

```
>>>s = 'How do you do'
>>>s.find('do')
4
>>>s.find('do', 5)
11
>>>s.find('do', 5, 8)
-1
>>>s.rfind('do')
11
>>>s.count('do')
2
>>>s.index('do', 5, 8)
ValueError: substring not found
```

2. 分隔类

字符串分隔类的常用方法见表 2-7。

表 2-7 字符串分隔类方法

方 法	描 述
str.split(sep=None, maxsplit=-1)	以字符串 sep 为分隔符，把 str 从左到右分隔成多个字符串，并返回分隔结果列表（列表将在后续章节详细介绍）。sep 参数可以省略，省略后按空白字符分隔。maxsplit 参数设置最大分隔次数
str.rsplit(sep=None, maxsplit=-1)	分隔方向从右到左，其他和 split 相同
str.partition(sep)	以字符串 sep 为分隔符，将 str 分隔为 3 个部分：分隔符前面的字符串、分隔符本身和分隔符后面的字符串。如果 sep 不在 str 中，则返回原字符串和两个空字符串。如果 str 中有多个 sep，则按从左往右的第一个分隔符来分隔
str.rpartition(sep)	如果 str 中有多个 sep，则按从右往左的第一个分隔符来分隔。其他同 str.partition(sep)

例 2.18 字符串分隔类的使用。

```
>>>s ='Andy,John,Jack,James'
>>>s.split(',')
['Andy','John','Jack','James']
>>>s.split(',', 2)
['Andy','John','Jack,James']
>>>s.rsplit(',')
['Andy','John','Jack','James']
>>>s.rsplit(',', 2)
['Andy,John','Jack','James']
>>> s ='Andy,John,Jack,John,James'
>>>s.partition('John')
('Andy,','John',',Jack,John,James')
>>>s.rpartition('John')
('Andy,John,Jack,','John',',James')
>>>s.partition('Rose')
('Andy,John,Jack,John,James','','')
```

3. 连接类

字符串连接类的方法见表 2-8。

表 2-8 字符串连接类方法

方 法	描 述
str.join(iterable)	以 str 为连接符将列表 iterable 中的字符串进行连接

例 2.19 字符串连接方法 join()。

```
>>>it = ['Andy','John','Jack','James']
>>>'-'.join(it)
```

```
'Andy-John-Jack-James'
>>>',' .join(it)
'Andy,John,Jack,James'
```

4．大小写转换类

字符串大小写转换类的方法见表 2-9。注意，字符转换方法不对原字符串做修改，而是生成新的字符串。

表 2-9　字符串大小写转换类方法

方　　法	描　　述
str.lower()	将 str 中的字符全部转换为小写
str.upper()	将 str 中的字符全部转换为大写
str.capitalize()	将 str 的首字符转换成大写，其他字符转换成小写
str.title()	将 str 中的每个单词的首字母都转换为大写，其他字符转换成小写
str.swapcase()	将 str 中的字符进行大小写互换

例 2.20　字符串的大小写转换类方法。

```
>>>s ='how do you Do'
>>>s.lower()
'how do you do'
>>>s.upper()
'HOW DO YOU DO'
>>>s.capitalize()
'How do you do'
>>>s.title()
'How Do You Do'
>>>s.swapcase()
'HOW DO YOU dO'
```

5．替换类

字符串替换类方法见表 2-10。

表 2-10　字符串替换类方法

方　　法	描　　述
str.replace(old, new[, count])	把字符串 str 中的 old 子字符串替换成 new 字符串。count 是可选参数，如果替换的子字符串有多个，替换前 count 个

例 2.21　字符串的 replace() 方法。

```
>>>str ='how do you do'
>>>str.replace('do','DO')
'how DO you DO'
>>>str.replace('do','DO', 1)
'how DO you do'
```

6．删除类

字符串删除类的方法见表 2-11。

表 2-11　字符串删除类方法

方　　法	描　　述
str.strip([chars])	删除字符串 str 两端的字符串 chars。如果省略 chars，则删除空白字符
str.rstrip([chars])	删除字符串 str 右端的字符串 chars。如果省略 chars，则删除右端空白字符
str.lstrip([chars])	删除字符串 str 左端的字符串 chars。如果省略 chars，则删除左端空白字符

例 2.22　字符串删除类的方法。

```
>>>str ='+=+=+=ABCD+=+='
>>>str.strip('+=')
'ABCD'
>>>str.rstrip('+=')
'+=+=+=ABCD'
>>>str.lstrip('+=')
'ABCD+=+='
>>>str ='ABC'
>>>str.strip()
'ABC'
```

7．判断类

字符串判断类的方法见表 2-12。

表 2-12　字符串判断类方法

方　　法	描　　述
str.isupper()	判断字符串 str 中的字母是否都是大写字母
str.islower()	判断字符串 str 中的字母是否都是小写字母
str.isdigit()	判断字符串 str 中的字符是否都是数字
str.isalnum()	判断字符串 str 中的字符是否都是字母或数字
str.isalpha()	判断字符串 str 中的字符是否都是字母

例 2.23　字符串判断类的方法

```
>>>s ='ABC+'
>>>s.isupper()
True
>>>s ='123+'
>>>s.isdigit()
False
>>>s ='123a+'
>>>s.isalnum()
False
>>>s ='123a'
```

```
>>>s.isalnum()
True
>>>s ='abc+'
>>>s.isalpha()
False
```

8. 排版类

字符串排版类的方法见表 2-13。

表 2-13　字符排版类方法

方　　法	描　　述
str.center(width[, fillchar])	字符串 str 居中，总宽度为 width，两侧用 fillchar 填充。fillchar 可省略，用空格填充
str.ljust(width[, fillchar])	字符串 str 靠左对齐，总宽度为 width，右侧用 fillchar 填充。fillchar 可省略，用空格填充
str.rjust(width[, fillchar])	字符串 str 靠右对齐，总宽度为 width，左侧用 fillchar 填充。fillchar 可省略，用空格填充
str.zfill(width)	字符串 str 靠右对齐，总宽度为 width，左侧用字符 '0' 填充

例 2.24　字符串排版类的方法。

```
>>>s ='abc'
>>>s.center(10,'=')
'===abc===='
>>>s ='abc'
>>>s.rjust(10)
'abc'
>>>s ='+abc'
>>>s.zfill(10)
'+000000abc'
>>>s ='=abc'
>>>s.zfill(10)
'000000=abc'
```

注意，调用 zfill() 的字符串如果是以 "+" 或 "-" 开头的，'0' 填充在 "+" 或 "-" 的后面。

2.4.6　用 format() 方法格式化输出

Python 语言用 format() 方法实现字符串的格式化输出，基本格式为 str.format(str1, str2, …, strn)，其中 str 为模板字符串，包含了若干个大括号对形成的槽位；str1，str2，…，strn 为用逗号分隔的参数列表，按从左至右的顺序插入到模板字符串的槽位里。大括号里可以编从 0 开始的序号，这样参数插入的时候就会按序号顺序插入。

例 2.25 用 format() 方法实现顺序输出和序号输出。

```
>>>s = '我的名字叫 {}，我在 {} 年级 {} 班'
>>>s.format('Andy', '三', 2)
'我的名字叫 Andy，我在三年级 2 班'
>>>s = '我的名字叫 {2}，我在 {1} 年级 {0} 班'
>>>s.format('Andy', '三', 2)
'我的名字叫 2，我在三年级 Andy 班'
```

模板字符串的槽位除了可以包含序号，还可以包含格式控制信息，槽位内部的格式如下：{< 序号 >:< 格式控制标记 >}，即序号和格式控制标记。

格式控制标记的可选字段见表 2-14。

表 2-14 格式控制标记

可 选 字 段	描　　述
填充符	用于填充的单个字符
对齐方式	<代表左对齐，>代表右对齐，^代表居中
宽度	槽位的输出宽度
千位分隔符	用逗号，指定数值类型用逗号作为千位分隔符
精度	如果输出的是浮点数，精度表示小数位数；如果输出的是字符串，精度表示字符串的输出长度
数值类型格式	如果输出的是整数，可选输出格式如下： b：输出整数的二进制形式 c：输出整数对应的 Unicode 字符 d：输出整数的十进制形式 o：输出整数的八进制形式 x 或 X：输出整数的小写或大写十六进制形式 如果输出的是浮点数，可选输出格式如下： e 或 E：输出浮点数的科学计数法格式，中间的字母用 e 或 E f：输出浮点数的标准格式 %：输出浮点数的百分比格式

填充符、对齐方式和宽度 3 个字段是相关的。如果宽度设定比实际输出到槽位的字符串小，则按字符串实际大小输出显示；如果宽度设定比实际输出到槽位的字符串大，则按照对齐方式输出字符串，并且不足的部分用填充符来填充，如果未指定填充符，则默认用空格填充。

例 2.26 format() 方法的格式输出。

```
>>>s ='I am {:2}'
>>>s.format('Andy')
'I am Andy'
>>>s ='I am {:6}'
>>>s.format('Andy')
```

```
'I am Andy'
>>>s ='I am {:*^6}'
>>>s.format('Andy')
'I am *Andy*'
>>>'{:,}'.format(1234567)
'1,234,567'
>>>'{:.2f}'.format(123.456)
'123.46'
>>>'{:.2}'.format('ABCD')
'AB'
```

例 2.27 format() 方法格式输出数值。

```
>>>'{0:b}, {0:c}, {0:d}, {0:o}, {0:x}, {0:X}'.format(123)
'1111011, {, 123, 173, 7b, 7B'
>>>'{0:e}, {0:E}, {0:f}, {0:%}'.format(12.3)
'1.230000e+01, 1.230000E+01, 12.300000, 1230.000000%'
>>>'{0:.2e}, {0:.2E}, {0:.2f}, {0:.2%}'.format(12.3)
'1.23e+01, 1.23E+01, 12.30, 1230.00%'
```

2.5 类 型 转 换

2.5.1 自动类型转换

int 类型和 float 类型可以进行混合运算，此时 int 类型会自动转换成 float 类型，结果也是 float 类型。布尔类型也可以参与混合运算，True 会自动转换为 1，False 会自动转换为 0。

例 2.28 混合运算时的自动类型转换。

```
>>>1.1 + 11
12.1
>>>1.1 + True
2.1
>>>2.0 - False
2.0
```

2.5.2 强制类型转换

整数、浮点数、复数、布尔值、字符串、列表都可以通过内置函数进行强制类型转换，见表 2-15。

表 2-15　强制类型转换函数

函 数 名	描　述
int(x[, base=10])	把 x 转换为整数。base 是可选参数，表示 x 的进制，默认为十进制
float(x)	把 x 转换为浮点数
bool(x)	把 x 转换为布尔值

例 2.29　用内置函数强制类型转换。

```
>>>int(3.9)
3
>>>int('3')
3
>>>int('12', 8)
10
>>>float(1)
1.0
>>>float('3.5')
3.5
>>>bool(1)
True
>>>bool(0)
False
>>>bool('123')
True
>>>bool()
False
```

2.6　random 库的使用

计算机完成的工作通常是确定性的。但在某些应用中，会需要一些随机性的因素，比如掷骰子游戏，希望点数是随机出现的，再比如牌类游戏，希望进行随机分牌。

Python 语言内置的 random 库提供了与随机数有关的功能函数，表 2-16 列出了几个最常用的函数。

表 2-16　random 库常用函数

函 数 名	描　述
random()	生成 [0.0, 1.0) 区间的一个随机浮点数
randrange(n)	生成 [0, n) 区间的一个随机整数
randrange(m, n)	生成 [m, n) 区间的一个随机整数
randrange(m, n, step)	生成 [m, n) 区间以 step 为步长的一个随机整数。randrange(m, n, 1) 等同于 randrange(m, n)
randint(m, n)	等同于 randrange(m, n+1)

函 数 名	描　　述
uniform(m, n)	生成 [m, n] 区间的一个随机浮点数
seed(n)	以整数 n 重置随机数生成器。如果 n 相同，则生成的随机数也相同。如果省略 n，则利用系统当前时间重置随机数生成器
choice(s)	从序列 s 中随机返回一个元素
shuffle(s)	把序列 s 中的元素打乱随机排列，返回打乱后的序列

例 2.30　random 库示例。

```
>>>import random
>>>random.random()
0.42740381438476227
>>>random.randrange(5)
3
>>>random.randrange(1, 10)
9
>>>random.randrange(1, 10, 2)
3
>>>random.randint(1, 5)
3
>>>random.uniform(1, 10)
8.203539389700762
>>>random.seed(5)
>>>random.random()
0.6229016948897019
>>>random.seed(5)
>>>random.random()
0.6229016948897019
>>>random.seed()
>>>random.random()
0.9325547373880687
>>> random.choice('ABCDE')
'E'
>>>ls = [1, 2, 3, 4, 5]
>>>random.shuffle(ls)
>>>ls
[1, 3, 2, 5, 4]
```

random.randrange(1, 10, 2) 生成的是从 1 开始以 2 递增直到 10 之间的随机数，也就是从 1，3，5，7，9 的奇数中随机选择一个。两次调用 random.seed(5) 之后的 random.random() 生成的随机数都是相同的，验证了 seed() 函数的参数相同，生成的随机数也相同。

小　　结

本章介绍了 Python 语言的基本语法。如 Python 语言的标识符和关键字、变量的命名和赋值，然后介绍了使用 input() 和 print() 函数实现数据的输入和输出。

本章介绍 Python 语言的基本数据类型，重点讲解数值类型和字符串类型。对于数值类型，可以结合 math 库来使用。对于字符串类型，重点讲解了字符串相关的各种函数。最后讲解了 Python 的类型转换和用于生成随机数的 random 库。

练习与思考

1. 下列语句运行后，变量 x 的值是什么？

```
x = 10
x + 2
```

2. 下面的表达式能正确运行吗？如果不能，请修改使之能正确运行。

```
'我吃了 '+ 3 +' 个包子 '
```

3. 输入一个三位数的整数，求这个三位数每一位上的数字的和是多少。例如，输入：356，输出：14。

4. 将下列数学表达式用程序写出来并运算。

（1）$x = \dfrac{\sqrt{3^5 + 9 \times 6}}{3}$

（2）$x = (-2 + 5^3) \times (22 \bmod 8) / 3$

5. 格式化输出 532 的二进制、八进制、十进制、十六进制的形式。

6. 思考下面语句的输出结果，再上机验证：

```
print('{:>15}:{:<8.2f}'.format("Length", 15.6789))
```

7. n 是一任意自然数，如果 n 的各位数字反向排列后所得的数与 n 相等，则称 n 为回文数。从键盘输入一个 5 位数，编写程序判断这个 5 位数是不是回文数。

8. 什么是转义字符？

9. 字符串 "My name's Andy" 是有效的字符串吗？

10. 下面表达式的值是什么？先尝试写出答案，再上机验证。

```
'Hello world'[1]
'Hello world'[2:5]
'Hello world'[:6]
```

11. 给下面的表达式求值？先尝试写出答案，再上机验证。

```
'Andy,Andy,where are you?'.split()
```

```
'--'.join('Life is short'.split())
```

12. 字符串方法中哪些能用于字符串的左对齐、右对齐和居中?

13. 键盘输入一个 1 到 7 之间的数字，输出对应的表示星期几的字符串。如输入 3，输出 " 星期三 "。要求：定义一个字符串 ' 星期一星期二星期三星期四星期五星期六星期日 '，然后根据输入的数字构建字符串切片获取对应的表示星期几的字符串。

14. 从 random 库中选择合适的函数，实现如下要求：

（1）随机生成 100 以内的 10 个整数。

（2）随机选取 0 到 50 之间的 1 个偶数。

（3）从字符串 'abcdefg' 中随机选取 2 个字符。

第3章
程序的流程控制

程序的基本结构有顺序、分支和循环三种。顺序结构就是语句一条条顺序执行，每条语句都会被执行且只执行一次。分支结构可以根据条件的不同执行不同的语句，循环结构可以根据条件对同一代码段执行多次。综合运用流程控制结构可以使程序完成多样、复杂的工作。

3.1 布 尔 类 型

在介绍程序的流程控制前，需要先介绍布尔类型，因为布尔类型的主要使用场景就是在程序的流程控制判断上。

布尔类型也是 Python 语言的基本数据类型之一，只有 True 和 False 两个取值（注意大小写），其中 True 代表真，False 代表假。逻辑运算符和关系运算符计算返回的值是布尔类型，关系运算符是<、<=、>、>=、== 和 !=，逻辑运算符是 and、or 和 not。

可以定义布尔类型的变量，使用关键字 bool，如 bool b = True。

3.1.1　关系运算符

关系运算符的作用是比较大小。使用关系运算符的前提是操作数之间是可以比较大小的，如字符串和数字是无法进行大小比较的。对于数值类型，按照操作数的数值大小进行比较；对于字符串类型，按照字符串中字符的 ASCII 码值从左到右依次一一比较，即从第一个字符开始比较，如果相同再比较第二个，直到字符不相同或某个字符串已比较结束。关系运算符可以多个连续使用，如 1 < 2 < 5，等价于 1 < 2 且 2 < 5。

例 3.1 Python 的关系运算符。

```
>>>5 > 3
True
>>>5 < 4
False
>>>1 < 4 < 0
False
>>>1 < 4 > 0
True
>>>1 < 4 > 0 > -10
True
>>>"ABC" =="ABCD"
False
>>>"ABCD">="ABC"
True
>>>"ABCD"<"ABD"
True
```

3.1.2 逻辑运算符

逻辑运算符有 and、or 和 not，分别表示与、或和非。and 和 or 是双目运算符，即两个操作数。and 运算符的两个操作数都为 True 时结果是 True，两个操作数有一个为 False，结果就是 False。or 运算符的两个操作数都为 False 时结果是 False，两个操作数有一个为 True，结果就是 True。逻辑运算符通常和关系运算符一起使用，用于连接由关系运算符组成的表达式。

例 3.2 Python 的逻辑运算符。

```
>>>not 3 > 5
True
>>>3 > 5 and 6 < 8
False
>>>3 < 5 and 6 < 8
True
>>>3 > 5 or 6 < 8
True
>>>3 > 5 or 6 > 8
False
>>>3 > 5 and a > 6
False
```

注意最后一个表达式 3 > 5 and a > 6，因为并没有定义变量 a，而引用一个未定义的变量时通常系统会报错，但看这个表达式并没有报错，这是因为第一个子表达式 3 > 5 结果为 False，而用 and 连接的两个表达式一旦有一个确认为 False，那么结果一定也是 False，在这种情况下系统就不去计算第二个子表达式了，而是直接给出 False 的结果。

3.2 分支结构

分支结构，也称选择结构或条件结构。程序根据条件判断结果的不同而选择不同的执行路径。Python 语言通过 if、elif、else 等关键字提供单分支、二分支和多分支结构。

3.2.1 单分支结构

单分支结构用 if 语句实现，一般格式如下：

```
if <条件>:
    <语句块>
```

条件部分通常是由关系运算符、逻辑运算符、函数等可以返回 bool 值的语句。如果条件部分为 True，则执行语句块；如果条件部分为 False，则跳过语句块。

在 Python 语言中代码的缩进非常重要，同一个语句块内的语句必须保证相同的缩进量。

例 3.3 用户输入两个整数 x 和 y，比较 x 和 y 的大小，然后按从大到小的顺序输出。

程序代码：

```
x = int(input('请输入整数 x:'))
y = int(input('请输入整数 y:'))
if x < y:
    x, y = y, x
print(x, y)
```

运行结果：

```
请输入整数 x: 3
请输入整数 y: 5
5 3
```

请思考，如果对 print 语句也进行了缩进，代码变成了如下形式，那还会得到同样的结果吗？

```
if x < y:
    x, y = y, x
    print(x, y)
```

3.2.2　二分支结构

二分支结构用 if-else 语句实现，一般格式如下：

```
if <条件 >:
    <语句块 1>
else:
    <语句块 2>
```

如果条件部分为 True，执行语句块 1；如果条件部分为 False，执行语句块 2。

例 3.4　输入一个数，判断是奇数还是偶数。

```
x = int(input())
if x % 2 == 0:
    print(' 偶数 ')
else:
    print(' 奇数 ')
```

Python 语言还提供了双分支结构的简洁表达形式，语法格式为：

```
<语句 1> if <条件 > else <语句 2>
```

如果条件为 True，执行语句 1，否则执行语句 2。下面是上一个例子的双分支结构简洁表达形式用法：

```
print(' 偶数 ') if int(input()) % 2 == 0 else print(' 奇数 ')
```

3.2.3　多分支结构

多分支结构用 if-elif-else 语句实现，一般格式如下：

```
if <条件 1>:
    <语句块 1>
elif <条件 2>:
    <语句块 2>
...
else:
    <语句块 n>
```

多分支结构的执行方式为从条件 1 开始依次评估寻找第一个结果为 True 的条件，找到了就执行对应的语句块，然后结束整个 if-elif-else 结构。如果没有任何条件为 True，就执行 else 下面的语句块。else 子句是可以省略的。

例 3.5　判断输入的整数属于哪个区间。

```
x = int(input())
if (x < 10):
    print(' 小于 10')
```

```
elif (10 <= x < 20):
    print('10和20之间')
elif (20 <= x <= 30):
    print('20和30之间')
else:
    print('大于30')
```

3.3　循 环 结 构

如果需要程序做一系列有规律的重复性操作，可以用循环结构来实现。Python 语言可以用 for 语句和 while 语句实现循环结构。for 语句用于固定循环次数的情况，while 语句用于通过条件判断决定是否继续执行循环的情况。

3.3.1　for 语句

for 语句的基本使用格式如下：

```
for <循环变量> in <循环范围>:
    <循环体>
```

for 语句的执行方式是从循环范围中提取所有元素，逐一赋给循环变量，每赋一次就执行一次循环体，直到所有元素都遍历一次。

循环范围可以是 range() 函数、字符串、文件或组合数据类型。关于文件和组合数据类型作为循环范围在后面章节讲解，本节先讲解 range() 函数和字符串作为循环范围。

range() 函数是 Python 的内置函数，可以生成一个整数序列，通常用于 for 语句中指定循环的次数。range() 函数有以下几种使用方式：

（1）range(n)。生成整数序列 0，1，2，…，$n-1$。当 $n \leqslant 0$ 时序列为空。

（2）range(m, n)。生成整数序列 m，$m+1$，$m+2$，…，$n-1$。当 $m \geqslant n$ 时序列为空。

（3）range(m, n, d)。生成整数序列 m，$m+d$，$m+2d$，…，$m+xd$。d 为步长值，如果是正数则序列递增，直到最接近 n；如果 d 是负数则递减，直到最接近 n。

可以用 list() 函数获取 range() 函数生成的序列。

例 3.6　range() 函数示例。

```
>>>list(range(10))
[0, 1, 2, 3, 4, 5, 6, 7, 8, 9]
>>>list(range(-2,2))
[-2, -1, 0, 1]
```

```
>>>list(range(2, 10, 2))
[2, 4, 6, 8]
>>>list(range(2,-10, -3))
[2,-1,-4, -7]
```

例 3.7 用 for 语句求 1 ~ 100 所有整数的和。

程序代码:

```
sum = 0
for i in range(1, 101):
    sum += i
print(sum)
```

运行结果:

```
5050
```

字符串也可以作为循环范围,例如:

```
for s in "ABC":
    print(s)
```

依次把字符串中的字符逐个赋给 s 并输出。

3.3.2 while 语句

有些程序在开始执行时无法确定循环范围,也就无法确定循环次数,但可以确定循环条件,直到循环条件不满足就结束循环。这种情况可以用 while 语句实现,语法格式如下:

```
while <循环条件>:
    <循环体>
```

判断循环条件是 True 还是 False,如果是 True 则执行循环体,然后重复上述流程,直到循环条件为 False 则退出循环,while 语句结束。

例 3.8 用 while 语句求 1 ~ 100 所有整数的和。

程序代码:

```
sum = 0
i = 1
while (i <= 100):
    sum += i
    i = i + 1
print(sum)
```

运行结果:

```
5050
```

编写 while 语句时一定要特别注意循环的退出机制,即随着程序的运行循环条件最终必须是 False，否则就会陷入无限循环，导致程序永远无法正常结束。

如果需要结束一个无限循环的程序，可以在 IDLE 的交互式环境窗口按【Ctrl+C】组合键，向程序发送一个 KeyboardInterrupt 错误来强行结束程序。按【Ctrl+C】组合键也可以用来立即结束一个不是无限循环但正在运行的程序。

3.3.3　break 和 continue 语句

break 和 continue 是关键字，用来辅助控制循环的执行。break 语句用来跳出当前循环，结束整个循环结构的执行，程序从循环结构结束后的代码继续执行。如果存在循环的嵌套，那么只会跳出 break 语句所在的一层循环结构。continue 语句用来结束当次循环，但不跳出当前循环结构，继续执行下一次的循环。

例 3.9　break 和 continue 语句。

程序代码：

```
for s in 'ABCD':
    if s =='B':
        break
    print(s, end='')
print()
for s in 'ABCD':
    if s =='B':
        continue
print(s, end='')
```

运行结果：

```
A
ACD
```

for 语句和 while 语句都可以和 else 语句搭配。如果 for 语句是遍历了所有的循环范围后结束，则结束后执行 else 语句。如果 while 语句是因为循环条件不成立而结束，则结束后执行 else 语句。continue 语句不影响 else 语句的执行。break 语句退出循环后，不再执行 else 语句。

例 3.10　循环结构的 else 语句。

程序代码：

```
for s in 'ABCD':
    if s =='B':
        break
    print(s, end='')
else:
    print(' 正常结束 ')
```

```
print()
for s in 'ABCD':
    if s == 'B':
        continue
    print(s, end='')
else:
    print(' 正常结束 ')
```

输出结果：

```
A
ACD 正常结束
```

小　　结

本章介绍了程序的流程控制，主要是选择结构和循环结构的用法。这两种结构都需要使用关系运算符和逻辑运算符构成的条件表达式。在循环过程中可以使用 break 语句和 continue 语句来控制循环的执行。

练习与思考

1. 以下表达式运算的结果是什么？

（1）（6>2）and（1 == 2）

（2）not（1 > 2）

（3）（5 >3）or（3>5）

（4）（not True）and（not False）

2. break 和 continue 的区别是什么？

3. 编写程序，打印从 1 ～ 100 的整数，先利用 for 语句实现，再改成 while 语句实现。

4. 用计算机模拟掷一对骰子的过程，连续掷10 000 次，测算两个骰子点数之和为 5 的概率。

5. 水仙花数是指一个 3 位数，每一位上的数字的 3 次方之和等于这个数本身，如 $1^3+5^3+3^3=153$。编写程序找出所有水仙花数。

6. 斐波那契数列是这样的一个数列：1，1，2，3，5，8，13……即从第 3 项开始，每一项都等于前两项之和。编写程序打印包含前 100 个整数的斐波那契数列。

7. 编写程序输出公元 2000 年到公元 3000 之间的所有闰年。

8. 编写程序实现从键盘输入两个整数，并求出这两个整数的最大公约数和最小公倍数。

9. 用户从键盘输入一行字符，编写程序统计并输出其中英文字符、数字、空格和其他字符的个数。

第 4 章
序列数据类型

序列是一组有顺序的一维元素，可以通过序号访问其中的元素。Python 语言中的序列数据类型主要有字符串、列表和元组 3 种。列表是可变序列，字符串和元组是不可变序列。在第 2 章已经详细讲解了字符串的使用，本章重点讲解列表和元组。

4.1 列　表

4.1.1 列表基础

列表用来有序存放一组数据。在 Python 语言中将一组数据放在方括号 [ ] 中间，每一个数据称为元素，元素之间用逗号 "," 分隔，元素的个数是列表的长度。

例如，定义一个 scores 列表存放学生的考试成绩；定义一个 students 列表存放学生的姓名：

```
>>>scores = [84, 82, 92, 69, 90]
>>>students = ['张三', '李四', '王五']
```

列表 scores 中的元素都是整数，列表 students 中的元素都是字符串，列表中的元素都是相同的类型。其实列表中的元素也可以是不同的数据类型，例如可以为每个学生定

义一个姓名和成绩的列表:

```
>>>stu1 = ['张三', 89]
>>>stu2 = ['李四', 82]
```

列表中的元素也可以是列表,即列表的嵌套。例如用列表存放多个学生的姓名和成绩:

```
>>>students = [['张三', 89], ['李四', 82]]
```

一个列表的定义可以跨越多行,只要没有遇到结束方括号,列表就没有结束。在定义列表的多行中,缩进是被忽略的,例如下面是合法的列表定义:

```
>>>students = ['张三',
                    '李四',
          '王五']
```

列表中的每个元素都对应了序号,可以通过序号访问对应的元素,格式为

列表名 [序号]

Python 语言中序号是从左到右从 0 开始的,和其他高级语言是一致的。除此之外,序号还可以有反向的方式,从右到左从 -1 开始依次减 1。例如,对于 students = [' 张三 ', ' 李四 ',' 王五 ']列表,正向序号和反向序号见表 4-1。

表 4-1 列表的正向序号和反向序号

列表元素	'张三'	'李四'	'王五'
正向序号	0	1	2
反向序号	-3	-2	-1

有了反向序号,可以非常方便地访问列表尾部的元素,尤其是元素个数比较多的列表,可以灵活结合正向序号和反向序号。

例 4.1 通过序号访问列表中的元素。

```
>>>students = ['张三', '李四', '王五']
>>>students[1]
'李四'
>>>students[-2]
'李四'
```

用 for 循环配合 range() 函数可以实现对列表元素的遍历:

```
>>>students = ['张三', '李四', '王五']
>>>for i in range(3):
        print(students[i])
张三
李四
王五
```

也可以用"for 元素 in 列表"的格式实现对列表元素的遍历：

```
>>>for item in students:
        print(item)
张三
李四
王五
```

在学习字符串的章节，有这样一道习题：

键盘输入一个 1 到 7 之间的数字，输出对应的表示星期几的字符串。如输入 3，输出"星期三"。

当时要求使用的方式是根据输入的数值构建字符串的切片访问，相对比较复杂。现在学习了列表，就可以非常简单优雅地实现同样的功能了。

程序代码：

```
weekls = ['星期一', '星期二', '星期三', '星期四', '星期五', '星期六', '星期日']
weekid = eval(input('请输入表示星期的数字:'))
print(weekls[weekid -1])
```

运行结果：

```
>>> 请输入表示星期的数字:2
星期二
>>> 请输入表示星期的数字:7
星期日
```

4.1.2　列表基本操作

列表是可变序列，即列表中的元素都是可以修改的，也可以增加或删除列表中的元素。

1. 修改元素

修改元素比较简单，只需要把新值直接赋给对应的元素即可，语法格式如下：

```
列表名 [ 序号 ] = 新值
```

例 4.2　修改列表元素的值

```
>>>students = ['张三', '李四', '王五']
>>>students[0] = '刘大'
>>>students
['刘大', '李四', '王五']
```

可以看到列表的首个元素值被修改了，其他元素保持不变。

2．增加元素

Python 语言提供了 append() 和 insert() 两个常用的增加元素方法，下面分别讲述用法。

append() 方法用于在列表尾部增加新元素，语法格式如下：

```
列表名 .append( 新元素 )
```

例 4.3　append() 方法的使用。

```
>>>students = ['张三', '李四', '王五']
>>>students.append('刘大')
>>>students
['张三', '李四', '王五', '刘大']
```

insert() 方法可以为增加的元素指定插入的位置，语法格式如下：

```
列表名 .insert( 序号 , 新元素 )
```

序号指定新元素插入的位置，原位置及其后面的所有元素都向后移一位。

例 4.4　insert() 方法的使用。

```
>>>students = ['张三', '李四', '王五']
>>>students.insert(1, '刘大')
>>>students
['张三', '刘大', '李四', '王五']
```

3．删除元素

Python 语言提供了 pop() 和 remove() 两个常用的删除元素方法，下面分别讲述用法。

pop() 方法通过指定的序号删除对应的元素，并返回被删除的元素。语法格式如下：

```
列表名 .pop( 序号 )
```

序号是可以省略的，当省略序号时，删除列表末尾的元素。

例 4.5　pop() 方法的使用。

```
>>>students = ['张三', '李四', '王五']
>>>delItem = students.pop(1)
>>>delItem
'李四'
>>>students
['张三', '王五']
>>>students.pop()
'王五'
>>>students
['张三']
```

remove() 方法用来删除指定值的元素。语法格式如下：

```
列表名 .remove( 元素值 )
```

例 4.6　remove() 方法的使用。

```
students = ['张三', '李四', '王五', '张三']
students.remove('张三')
students
['李四', '王五', '张三']
```

注意，当列表中有重复的元素时，而 remove() 方法又指定了删除这个重复元素的值，只会删除排在前面的一个元素。

除了 pop() 方法和 remove() 方法，Python 语言还提供了一个内置的命令 del，用来删除指定序号的元素，语法格式如下：

```
del 列表名 [ 序号 ]
```

例 4.7　del 命令删除列表元素。

```
>>>students = ['张三', '李四', '王五']
>>>del students[1]
>>>students
['张三', '王五']
```

还可以用 del 命令对整个列表进行删除，语法格式如下：

```
del 列表名
```

例 4.8　用 del 命令删除整个列表。

```
>>>students = ['张三', '李四', '王五']
>>>del students
>>>students
Traceback (most recent call last):
  File "<pyshell#18>", line 1, in <module>
    students
NameError: name'students'is not defined
```

可以看到，执行 del students 命令后，students 列表被彻底删除无法再使用了。如果想保留列表，只是清空列表中的元素，需要用到列表切片的知识，将在后面课程介绍。

前面介绍的几种删除列表元素的方法各有其适合使用的场景，如果已知待删除元素的索引时，可以使用 del 命令和 pop() 方法；如果已知待删除元素的值时，可以使用 remove() 方法，但如果有多个相同值的待删除元素，remove() 方法只会删除排在最前面的一个元素。另外，pop() 方法有一个特点和另外两个不同，即删除元素时会返回这个被删除的元素，如果有需要可以用变量接收这个元素，以便后续使用需要。

4．列表元素查找和统计

（1）index() 方法

查找列表中的元素可以用 index() 方法，如果找到则返回指定元素的序号；如果存在多个指定元素，则返回排在最前面的元素的序号；如果未查找到指定元素，则报元素不在列表中的错误。语法格式如下：

```
列表名 .index( 元素 )
```

例4.9 index() 方法的使用。

```
>>>students = [ '张三 ', '李四 ', '王五 ', '张三 ']
>>>students.index( '张三 ')
0
>>>students.index( '张四 ')
Traceback (most recent call last):
  File"<pyshell#24>", line 1, in <module>
    students.index( '张四 ')
ValueError: '张四 ' is not in list
```

（2）in 和 not in 运算符

in 和 not in 运算符可以用来判断指定的元素是否在列表中。用 in 运算符时，如果元素在列表中返回 True，否则返回 False；用 not in 运算符时，如果元素不在列表中返回 True，否则返回 False。语法格式如下：

```
元素 in 列表
元素 not in 列表
```

例4.10 in 和 not in 运算符示例。

```
>>>students = [ '张三 ', '李四 ', '王五 ']
>>>'张三 ' in students
True
>>>' 刘大 ' in students
False
>>>' 刘大 ' not in students
True
```

（3）len() 函数

len() 函数用来返回列表的长度，即列表中元素的个数。语法格式如下：

```
len( 列表名 )
```

例4.11 len() 函数的使用。

```
>>>students = [ '张三 ', '李四 ', '王五 ']
```

```
>>>len(students)
3
```

（4）count() 方法

count() 方法用来返回列表中指定元素的个数。语法格式如下：

```
列表 .count ( 元素 )
```

例 4.12　count() 方法的使用。

```
>>>students = ['张三', '李四', '王五', '张三']
>>>students.count('张三')
2
```

5. 列表排序

（1）sort() 方法

sort() 方法用于将列表中的元素排序。语法格式如下：

```
列表 .sort ()
```

例 4.13　使用 sort() 方法对列表排序。

```
>>>students = ['John','Mike','Andy','Jack']
>>>students.sort()
>>>students
['Andy','Jack','John','Mike']
>>>ages = [12, 4, 1, 89]
>>>ages.sort()
>>>ages
[1, 4, 12, 89]
>>>students = ['李四', '王五', '张三']
>>>>>>students.sort()
>>>students
['张三', '李四', '王五']
```

对于元素是数值类型，按从小到大的顺序排序。对于元素是字符串类型，按字符的 Unicode 编码从小到大的顺序排序。

（2）sorted() 函数

sorted() 函数和 sort() 函数在排序规则方面一致，区别是 sort() 函数是直接改变原列表，而 sorted() 函数不改变原列表，而是生成排序后的新列表并返回。语法格式如下：

```
sorted( 列表 )
```

例 4.14　sorted() 函数的使用。

```
>>>students = 'John','Mike','Andy','Jack']
```

```
sorted(students)
['Andy','Jack','John','Mike']
students
['John','Mike','Andy','Jack']
```

6．列表间的赋值和复制

（1）用"="赋值

例 4.15 使用"="进行列表赋值

```
>>>students = ['John','Mike','Andy','Jack']
>>>students_copy = students
>>>students_copy
['John','Mike','Andy','Jack']
```

可以看到，用"="把 students 列表赋值给了 students_copy，使 students_copy 列表获取了和 students 列表同样的元素。

例 4.16 删除复制出来的列表中的一个元素。

```
>>>del students_copy[1]
>>>students_copy
['John','Andy','Jack']
>>>students
['John','Andy','Jack']
```

可以看到，对 students_copy 列表中的序号为 1 的元素进行删除后，students 列表中序号为 1 的元素也被删除了。这是因为用"="对列表进行赋值仅仅是让原列表多了一个新的名字，原列表和新列表实际指向的是同一个列表。这种情况被称为"浅拷贝"。

（2）copy() 方法

copy() 方法的语法格式为：

```
新列表 = 原列表 .copy()
```

例 4.17 使用 copy() 方法实现列表的复制。

```
>>>students = ['John','Mike','Andy','Jack']
>>>students_copy = students.copy()
>>>students_copy
['John','Mike','Andy','Jack']
>>>del students_copy[1]
>>>students_copy
['John','Andy','Jack']
>>>students
['John','Mike','Andy','Jack']
```

可以看出，对 students_copy 列表进行元素删除没有影响到 students 列表，这是因为用 copy() 方法生成的是一份原列表的备份。这种情况被称为"深拷贝"。"深拷贝"会生成一个与原列表一模一样的独立新列表，对新列表的操作自然不会影响到原列表。

在程序设计时，对于"浅拷贝"的使用要十分慎重，尤其是在有一定规模的程序中，"浅拷贝"会导致多个列表名共享同一个列表，对列表的修改会相互影响，容易出现意外情况。

4.1.3　列表切片

前面介绍对列表的操作都是针对列表整体，但有时候也需要对列表中的部分元素进行操作，这就需要列表切片。语法格式如下：

列表 [起始序号 : 终止序号]

注意，起始序号对应的元素在切片列表中，而终止序号对应的元素不在切片列表中的，终止序号对应元素的前一个元素在切片列表中。

例 4.18　列表切片的使用示例。

```
>>>students = ['张三', '李四', '王五']
>>>students[1:2]
['李四']
```

序号是可以省略的，如果省略了起始序号，则切片从第一个元素开始。如果省略了终止序号，则切片到最后一个元素结束。如果起始序号和终止序号都省略，则取整个列表。

例 4.19　切片序号的省略。

```
>>>students = ['张三', '李四', '王五', '李伟', '王军']
>>>students[:3]
['张三', '李四', '王五']
>>>students[2:]
['王五', '李伟', '王军']
>>>students[3:4]
['李伟']
>>>students[:]
['张三', '李四', '王五', '李伟', '王军']
```

除了起始序号，还可以指定切片提取元素的步长，语法格式如下：

列表 [起始序号 : 终止序号 :n]

n 表示从起始序号开始，每 n 个元素提取一个，直到终止序号的前一个元素。

```
>>>students = ['张三', '李四', '王五', '李伟', '王军']
>>>students[1:4:2]
```

```
['李四', '李伟']
>>>students[1:4:1]
['李四', '王五', '李伟']
```

n 取值为 1 和省略 n 的效果一样，表示起止序号间的每个元素都提取。

当起始序号大于终止序号，且 n 取负值时，表示逆向切片。

例 4.20　逆向切片示例。

```
>>>students = ['张三', '李四', '王五', '李伟', '王军']
students[4:1:-1]
['王军', '李伟', '王五']
students[::-1]
['王军', '李伟', '王五', '李四', '张三']
```

省略起始序号和终止序号，步长取值为 -1，可以很方便地实现列表的翻转。

del 命令配合列表切片，可以一次性删除多个元素。

例 4.21　del 命令结合列表切片示例。

```
>>>students = ['John', 'Mike', 'Andy', 'Jack']
>>>del students[1:3]
>>>students
['John', 'Jack']
>>>del students[:]
>>>students
[]
```

del students[:] 实现了对列表的清空操作，清空后列表元素被全部删除，但列表仍然存在。

4.1.4　列表的组合

Python 语言支持将多个列表进行连接，或对一个列表的元素进行重复。

1. "+" 运算符

"+" 运算符可以将两个列表进行连接操作，生成一个新列表。

例 4.22　对列表进行加法运算。

```
>>>students1 = ['张三', '李四', '王五']
>>>students2 = ['李伟', '王军']
>>>students1 + students2
['张三', '李四', '王五', '李伟', '王军']
>>>students1
['张三', '李四', '王五']
>>>students2
```

```
['李伟', '王军']
```

可以看到，参与运算的原列表不会发生变化。可以将连接后的列表赋值给一个新列表，这样就可以将结果保存下来。

2．extend()方法

extend() 方法可以直接将新列表追加到原列表的后面，语法格式如下：

```
列表 .extend( 新列表 )
```

例 4.23　列表的 extend() 方法示例。

```
>>>students1 = ['张三', '李四', '王五']
>>>students2 = ['李伟', '王军']
>>>students1.extend(students2)
>>>students1
['张三', '李四', '王五', '李伟', '王军']
```

3．"*"运算符

"*"运算符用于将列表中的元素重复多遍，语法格式如下：

```
列表 * n
```

例 4.24　列表的乘法示例。

```
>>>students = ['张三', '李四', '王五']
>>>students * 3
['张三', '李四', '王五', '张三', '李四', '王五', '张三', '李四', '王五']
```

与 "+" 运算符类似，如果要保存运算后的列表，要用赋值语句将结果赋给新列表。

4.2　元　　组

元组和列表类似，也是用于存放一组有序数据，区别是列表中的元素可以修改，而元组中元素不可以修改。因此所有对列表进行修改的操作方法都不能用于元组，如 del 语句、append() 方法等，其他的使用方法和列表基本一致。

4.2.1　元组基础知识

定义元组的基本方法是将一组数据用 "," 分隔开，并放在一对 "( )" 中。或者把 "( )" 省略，也可以定义元组。

例 4.25　元组的定义示例。

```
>>>students = ('John', 'Mike', 'Andy', 'Jack')
```

```
>>>students
('John', 'Mike', 'Andy', 'Jack')
>>>type(students)
<class 'tuple'>
>>>students = '张三', '李四', '王五'
>>>students
('张三', '李四', '王五')
>>>type(students)
<class 'tuple'>
```

注意，当定义的元组只有一个元素时，必须要在元素后写一个逗号","，否则
Python 系统只会认为这是括号括起来的一个数据，而加入逗号会告诉 Python 系统这是
一个元组。

例 4.26 只有一个元素的元组示例。

```
>>>students = ('张三')
>>>students
'张三'
>>>type(students)
<class 'str'>
>>>students = ('张三',)
>>>students
('张三',)
>>>type(students)
<class 'tuple'>
```

4.2.2　操作元组

除了元素不能修改之外，元组的其他特性都和列表类似。

例 4.27 操作元组的示例。

```
>>>students = ('John', 'Mike', 'Andy', 'Jack')
>>>students.append('Kate')
Traceback (most recent call last):
  File "<pyshell#47>", line 1, in <module>
    students.append('Kate')
AttributeError: 'tuple' object has no attribute 'append'
>>>len(students)
4
```

可以看到，元组不支持 append 增加元素操作。

如果使用了元组，意味着程序设计人员在明确表达这是一个不希望被改动的序列。

4.2.3 元组和列表间的转换

Python 语言提供了 tuple() 和 list() 函数用于实现元组和列表间的转换，前者用于将列表转换为元组，后者用于将元组转换为列表。

例 4.28 元组和列表转换示例。

```
>>>students = ('John', 'Mike', 'Andy', 'Jack')
>>>list(students)
['John', 'Mike', 'Andy', 'Jack']
>>>students = ['John', 'Mike', 'Andy', 'Jack']
>>>tuple(students)
('John', 'Mike', 'Andy', 'Jack')
```

如果在有些情况下，临时需要一个元组的可变版本，可以很方便地用转换函数实现。

小　结

本章介绍的列表和元组，以及前面章节介绍的字符串，都属于 Python 语言中的序列类型，也是一种基本数据类型。序列，从名字可以看出它的特点是里面的元素都是有序的，都可以通过序号索引来访问元素。

序列分为可变序列和不可变序列，列表是可变序列，元组和字符串是不可变序列。

序列支持一些通用的操作，从前面的学习可以看到，序列的元素访问、遍历、查找等方法都是类似的。此外，列表作为可变序列还支持增、删、改等操作。

练习与思考

1. 有一个列表 ls = [1,'Andy', 2, 'Jack', 3,'Andy']。回答以下问题：

（1）ls.index('Andy') 返回值是多少？

（2）执行 ls.append(100) 之后，列表 ls 变成什么样子？

（3）执行 ls.remove('Andy') 之后，列表 ls 变成什么样子？

（4）执行 ls.pop() 之后，列表 ls 变成什么样子？

2. 创建一个只包含 1 个整数值 100 的元组，如何输入？

3. 列表的 append() 方法和 insert() 有什么区别？

4. 从列表中删除元素有哪几种方法？各有哪些适用的场合？

5. 列表和元组有哪些相同和不同之处？如何实现列表和元组的相互转换？

6. 输入一句英文句子，找出其中最长的单词，并输出该单词和长度。提示：可以使用 split() 方法将英文句子分离成单词列表再处理。

7. 编写一个程序，模拟掷两个骰子 10 000 次，统计从 2-12 各点数出现的次数，并按顺序存放在一个列表中。

8. 某个餐厅提供了点心饮料套餐，点心包含蛋挞、鸡翅、虾球、薯条，饮料包含奶茶、咖啡、可乐，点心和饮料只能各点一份，编写程序列出所有可能的搭配组合。要求：点心和饮料分别用两个元组定义，套餐组合用包含两个元素的列表定义。

9. 有学生成绩表见表 4-2。

表 4-2　学生成绩表

姓　　名	性　　别	语　　文	数　　学	英　　语
李军	男	87	84	93
张萍	女	67	76	84
王武	男	79	93	74
刘悦	女	78	91	80
李亮	男	89	74	70

编写程序完成如下任务：

（1）求 3 门课平均分在 85 分以上的学生人数。

（2）求所有学生的总成绩，用二维列表保存，格式为 [[学生 1, 总分],[学生 2, 总分],……]。

（3）求数学这门课的平均分。

（4）求男生和女生的各自平均成绩，比较男生和女生谁的成绩更好。

提示：用一个二维列表保存所有学生的成绩，以 [[' 李军 ',' 男 ', 87, 84, 93], […], […]] 的格式。

第5章
字典与集合

前面介绍的序列数据类型虽然可以用于存储和访问数据，但通过整数索引访问的方式不够直观。为了实现更灵活的数据访问方式，本章介绍字典与集合的相关知识。

5.1 字　　典

前面学过的列表是一种有序的容器，可以通过序号访问对应的元素。还有一种场景是希望通过名字来访问数据，比如通讯录，通过姓名访问电话号码。Python 提供了字典来满足这种需求。字典用"键"作为条目的名字，用"值"作为条目的数据，一个键值对作为字典中的一个条目，并且键不能重复。

5.1.1　创建字典

将若干组"键值对"放在一对大括号"{ }"里就构成了字典，语法格式如下：

```
{键1:值1, 键2:值2, 键3:值3, ……}
```

例 5.1　创建字典的示例。

```
>>>score = {'John':68, 'Mike':70, 'Andy':68, 'Jack':89}
>>>type(score)
<class 'dict'>
>>>score
{'John': 68, 'Mike': 70, 'Andy': 68, 'Jack': 89}
```

还可以用 dict() 函数来创建字典，函数的参数为一组双元素序列，可以是列表，也可以是元组。

例 5.2　用 dict() 函数创建字典。

```
>>>listscore = (['John',68], ['Mike',70], ['Andy',68], ['Jack',89])
>>>dictscore = dict(listscore)
>>>dictscore
{'John': 68, 'Mike': 70, 'Andy': 68, 'Jack': 89}
>>>type(dictscore)
<class 'dict'>
```

字典中的键是唯一的，但值可以有重复的。

例 5.3　创建重复键的字典。

```
>>>score = {'John':68, 'Mike':70, 'Andy':68, 'John':89}
>>>score
{'John': 89, 'Mike': 70, 'Andy': 68}
```

大括号中出现了两个键为 "John" 的条目，最终生成的字典只保留了一个，并且是后面的一个，可以理解为后面的条目对前面的相同键条目进行了覆盖。

字典中的键必须是不可变类型，通常是字符串、数学，也可以是元组，但不可以是列表。

例 5.4　字典中的键类型示例。

```
>>>items = {('中国','亚洲'):960, ('俄罗斯', '欧洲'):1710, ('美国', '北美洲'):937}
>>>type(items)
<class 'dict'>
>>>items = {['中国','亚洲']:960, ['俄罗斯', '欧洲']:1710, ['美国', '北美洲']:937}
Traceback (most recent call last):
  File "<pyshell#2>", line 1, in <module>
    items = {['中国','亚洲']:960, ['俄罗斯', '欧洲']:1710, ['美国', '北美洲']:937}
TypeError: unhashable type: 'list'
```

可以看到，当尝试使用列表类型数据作为字典的键时，系统会报错，而元组类型数据可以作为字典的键。

5.1.2　字典的访问

字典中的条目都是无序的，没有序号的概念，都是通过键作为索引来访问对应的值，语法格式如下：

```
字典名 [键]
```

例 5.5　字典的访问示例。

```
>>>score = {'John':68, 'Mike':70, 'Andy':68, 'Jack':89}
```

```
>>>score['Jack']
89
>>>score['aa']
Traceback (most recent call last):
  File"<pyshell#18>", line 1, in <module>
    score['aa']
KeyError: 'aa'
>>>score[1]
Traceback (most recent call last):
  File"<pyshell#19>", line 1, in <module>
    score[1]
KeyError: 1
```

可以看到，如果试图通过不存在的键访问会报错，试图通过序号访问字典也会报错。

此外，字典提供的通过“键”访问“值”是单向访问的，无法直接通过“值”访问对应的“键”。

还可以用 get() 方法获取对应的值，语法格式如下：

字典名 .get(键，默认值)

如果指定的键在字典中不存在，则返回默认值。如果指定的键不存在，又没有指定默认值，则不返回任何信息。

例 5.6　字典的 get() 方法示例。

```
>>>score = {'John':68, 'Mike':70, 'Andy':68, 'Jack':89}
>>>score.get('Jack')
89
>>>score.get('Jack', 'Unknown')
89
>>>score.get('Jackk', 'Unknown')
'Unknown'
>>>score.get('Jacky')
```

可以用 in 运算符判断指定的键在字典中是否存在，语法格式如下：

键 in 字典

如果键在字典中存在则返回 True，否则返回 False，示例如下：

```
>>>score = {'John':68, 'Mike':70, 'Andy':68, 'Jack':89}
>>>'Jack' in score
True
>>>'Jacky' in score
False
```

5.1.3 字典条目的增加和修改

可以对字典条目进行增加、修改和删除等操作。增加和修改的语法格式如下：

```
字典名[键] = 值
```

例 5.7 字典条目的增加和修改。

```
>>>score = {'John':68, 'Mike':70, 'Andy':68}
>>>score['Jack'] = 89
>>>score
{'John': 68, 'Mike': 70, 'Andy': 68, 'Jack': 89}
>>>score['Jack'] = 90
>>>score
{'John': 68, 'Mike': 70, 'Andy': 68, 'Jack': 90}
```

可以看到，如果键在字典中不存在，就会增加一个条目；如果键在字典中已存在，就会对相应的值进行修改更新。

用这种方式给字典增加条目首先要求字典已经存在，如果字典还不存在，就需要先创建一个空字典：

```
字典名 = { }
```

例 5.8 统计一个英文字符串中各字符出现的次数，结果存放在一个字典里，字典条目形式为字符：次数。

程序代码：

```
str = ( 'Time is like a river, '
    'the left bank is unable to forget the memories, '
    'right is worth grasp the youth, '
    'the middle of the fast flowing, '
    'is the sad young faint.')
str = str.lower()
counts = { }
for c in str:
    if c in counts:
        counts[c] = counts[c] + 1
    else:
        counts[c] = 1
print(counts)
```

运行结果：

```
{'t': 15, 'i': 12, 'm': 4, 'e': 15, ' ': 30, 's': 8, 'l': 5, 'k': 2, 'a':
7, 'r': 7, 'v': 1, ',': 4, 'h': 9, 'f': 6, 'b': 2, 'n': 5, 'u': 3, 'o': 8,
'g': 5, 'w': 2, 'p': 1, 'y': 2, 'd': 3, '.': 1}
```

程序的编写思路是遍历这个字符串的所有字符,如果字典中已有该字符,说明该字符已被统计过,只需要把出现次数再加 1 即可;如果字典中没有该字符,说明该字符是第一次出现,为字典增加该字符作为键的条目,条目的值是 1。

此外,为了增加程序的可读性,把一个长字符串拆分成了多行,只需要在首行左边和尾行右边分别用左右括号括起来即可。还有一种方式是每行的末尾加一个斜杠字符"\",也可以实现同样的效果:

```
str = 'Time is like a river, '\
    'the left bank is unable to forget the memories, '\
    'right is worth grasp the youth, '\
    'the middle of the fast flowing, '\
    'is the sad young faint.'
```

目前,虽然程序已经实现了所需的功能,但存在一个小问题,就是运行结果的字典条目不是按字母顺序排列的,而字典条目本身就是无序的,看起来不够优雅美观,可读性也不好。使用 Python 语言内置的 pprint 库的 pprint() 函数可以解决这个问题,pprint() 函数也被称为"漂亮打印"。

修改程序,在最前面增加 import pprint 语句,把最后输出字典的语句修改如下:

```
pprint.pprint(counts)
```

运行结果:

```
{' ': 30,
 ',': 4,
 '.': 1,
 'a': 7,
 'b': 2,
 'd': 3,
 'e': 15,
 'f': 6,
 'g': 5,
 'h': 9,
 'i': 12,
 'k': 2,
 'l': 5,
 'm': 4,
 'n': 5,
 'o': 8,
 'p': 1,
 'r': 7,
 's': 8,
```

```
  't': 15,
  'u': 3,
  'v': 1,
  'w': 2,
  'y': 2}
```

可以看到，每行一行字典条目，并且是按键的顺序排列的，可读性好了很多。

在程序设计的时候，除了要实现所需的功能，程序的可读性、输出结果的友好性也是需要重点考虑的内容。尤其是在当今软件公司的产品竞争非常激烈，产品之间除了比拼功能的强大，还要重点比较使用上的便利、友好。

5.1.4　字典条目的删除

字典条目的删除可以用 del 命令或 pop() 方法，都是通过键来实现相应条目的删除。

用 del 命令删除条目的语法格式如下：

```
del 字典名 [ 键 ]
```

例 5.9　用 del 命令删除条目。

```
>>>score = {'John':68, 'Mike':70, 'Andy':68, 'Jack':89}
>>>del score['Jackk']
Traceback (most recent call last):
  File"<pyshell#26>", line 1, in <module>
    del score['Jackk']
KeyError: 'Jackk'
>>>del score['Jack']
>>>score
{'John': 68, 'Mike': 70, 'Andy': 68}
```

可以看到，用 del 命令试图删除一个不存在的键时系统会报错。

用 pop() 方法删除条目的语法格式如下：

```
字典名 .pop( 键，默认值 )
```

其中键是必填参数，默认值是可选参数。如果键在字典中存在，则返回对应的值；如果键不存在，则返回默认值。如果键不存在，又省略了默认值，则系统会报错。

例 5.10　字典的 pop() 方法示例。

```
>>>score = {'John':68, 'Mike':70, 'Andy':68, 'Jack':89}
>>>score.pop('Jack')
89
>>>score
{'John': 68, 'Mike': 70, 'Andy': 68}
```

```
>>>score.pop('Jackk')
Traceback (most recent call last):
  File "<pyshell#2>", line 1, in <module>
    score.pop('Jackk')
KeyError: 'Jackk'
>>>score.pop('Jackk', 'Unknown')
'Unknown'
```

如果想一次性删除字典中的所有条目，可以调用 clear() 方法。

例 5.11　字典的 clear() 方法示例。

```
>>>score = {'John':68, 'Mike':70, 'Andy':68, 'Jack':89}
>>>score.clear()
>>>score
{}
```

clear() 方法会删除字典中的所有条目,但字典本身仍然是保留的,变为一个空的字典,后续仍然可以为字典增加条目。

del 命令可以删除字典本身，语法格式如下：

```
del 字典名
```

例 5.12　用 del 命令删除字典示例。

```
>>>score = {'John':68, 'Mike':70, 'Andy':68, 'Jack':89}
>>>del score
>>>score
Traceback (most recent call last):
  File"<pyshell#13>", line 1, in <module>
    score
NameError: name 'score' is not defined
```

5.1.5　字典的遍历

与序列的遍历方法类似，字典的遍历也可以通过 for 循环来实现。字典的条目涉及"键"和"值"两部分，所以字典的遍历包括键的遍历、值的遍历和条目的遍历。

字典的 keys() 方法可以用来返回字典中所有的键，values() 方法可以用来返回字典中所有的值，items() 方法可以用来返回字典中所有条目。这几个方法返回的值类似于列表，类型分别是 dict_keys、dict_values 和 dict_items，可以用 for 循环来遍历，但不能被修改。

例 5.13　字典的遍历示例。

```
>>>score = {'John':68, 'Mike':70, 'Andy':68, 'Jack':89}
```

```
>>>for key in score.keys():
        print(key)
John
Mike
Andy
Jack
>>>for value in score.values():
        print(value)
68
70
68
89
>>>for item in score.items():
        print(item)
('John', 68)
('Mike', 70)
('Andy', 68)
('Jack', 89)
>>>type(score.keys())
<class 'dict_keys'>
>>>type(score.values())
<class 'dict_values'>
>>>type(score.items())
<class 'dict_items'>
```

可以看到，从 items() 方法返回的值遍历出来的元素是元组的形式。

5.1.6　字典的合并

字典的 update() 方法可以方便地实现两个字典的合并，语法格式如下：

```
字典1.update(字典2)
```

例 5.14　update() 实现字典的合并。

```
>>>score1 = {'John':68, 'Mike':70, 'Andy':68, 'Jack':89}
>>>score2 = {'Kate':99, 'Rose':67}
>>>score1.update(score2)
>>>score1
{'John': 68, 'Mike': 70, 'Andy': 68, 'Jack': 89, 'Kate': 99, 'Rose': 67}
>>>score2
{'Kate': 99, 'Rose': 67}
```

可以看到，update() 方法更新的是调用该方法的字典，作为参数的字典不会发生任何变化。

Python 语言还提供了 dict() 函数来方便地实现两个字典的合并:

```
>>>score1 = {'John':68, 'Mike':70, 'Andy':68, 'Jack':89}
>>>score2 = {'Kate':99, 'Rose':67}
>>>score1 = dict(score1, **score2)
>>>score1
{'John': 68, 'Mike': 70, 'Andy': 68, 'Jack': 89, 'Kate': 99, 'Rose': 67}
>>>score2
{'Kate': 99, 'Rose': 67}
```

前面介绍的参与合并的两个字典的条目的键都是不重复的,如果两个字典有重复的键,那么合并后只会保留一个:

```
>>>score1 = {'John':68, 'Mike':70, 'Andy':68, 'Jack':89}
>>>score2 = {'Andy':99, 'Rose':67}
>>>score1 = dict(score1, **score2)
>>>score1
{'John': 68, 'Mike': 70, 'Andy': 99, 'Jack': 89, 'Rose': 67}
>>>score2
{'Andy': 99, 'Rose': 67}
```

5.2　集　合

Python 中的集合的概念和数学中集合的概念是相似的,用来存放一组无序不重复的元素,并且元素必须是不可变类型。

5.2.1　创建集合及访问

将若干元素放在一对大括号"{ }"就构成了集合,语法格式如下:

```
{ 元素 1, 元素 2, 元素 3, ……}
```

其中元素必须是不可变类型,并且元素互不相同。

例 5.15　集合的创建示例。

```
>>>names = {'John', 'Mike', 'Andy', 'Jack'}
>>>type(names)
<class 'set'>
>>>names = {'John', 'Mike', 'Andy', 'Jack', 'Jack'}
>>>names
{'Mike', 'Jack', 'Andy', 'John'}
>>>names = {['John', 'Mike'], 'Andy', 'Jack'}
Traceback (most recent call last):
```

```
    File"<pyshell#4>", line 1, in <module>
        names = {['John', 'Mike'], 'Andy', 'Jack'}
TypeError: unhashable type: 'list'
>>>names = {('John', 'Mike'), 'Andy', 'Jack'}
>>>names
{'Jack', 'Andy', ('John', 'Mike')}
```

如果创建集合时出现了重复元素，只会保留一个。如果创建集合时加入了可变元素，比如列表，则系统会报错。如果元素是元组类型，就不会报错。

Python 语言还提供了 set() 函数把序列转换为集合，在转换过程中会去除重复元素。

例 5.16　set() 函数生成集合示例。

```
>>>name = set('Andy')
>>>name
{'A', 'd', 'y', 'n'}
>>>name = set(('John', 'Mike', 'Andy', 'Jack', 'John'))
>>>name
{'Andy', 'Jack', 'Mike', 'John'}
>>>name = set(['John', 'Mike', 'Andy', 'Jack', 'John'])
>>>name
{'Mike', 'John', 'Jack', 'Andy'}
>>>name = set(1234)
Traceback (most recent call last):
  File "<pyshell#15>", line 1, in <module>
    name = set(1234)
TypeError: 'int' object is not iterable
```

可以看到，set() 函数可以把字符串、列表、元组等序列转换为集合，并且会去掉重复元素。如果参数不是序列类型，系统会报错。

数学上有空集的概念，即集合中没有任何元素。Python 也可创建空集合，但是不能用一对空大括号"{ }"的形式，这样创建出来的是空字典，而不是空集合。创建空集合要用不带参数的 set() 函数。

集合的访问可以用 for 循环来遍历所有元素，但不能用序号来访问某个元素，因为集合中的元素没有顺序。

5.2.2　集合元素的操作

集合是可变的，所以可以用 add() 和 remove() 等方法来增加和删除元素。

add() 方法用于将一个元素加入集合中，语法格式如下：

```
集合 .add(item)
```

其中 item 必须是不可变的数据类型。

例 5.17 集合的 add() 方法示例。

```
>>>names = {'John', 'Mike', 'Andy', 'Jack'}
>>>names.add('Rose')
>>>names
{'Jack', 'Rose', 'John', 'Andy', 'Mike'}
>>>names.add({'A', 'B', 'C'})
Traceback (most recent call last):
  File "<pyshell#7>", line 1, in <module>
    names.add({'A', 'B', 'C'})
TypeError: unhashable type: 'set'
>>>names.add(('A', 'B', 'C'))
>>>names
{ ('A', 'B', 'C'), 'Jack', 'Rose', 'John', 'Andy', 'Mike'}
```

可以看到，当试图用 add 方法添加另一个集合 {'A','B','C'} 时，因为集合是可变数据类型，所以系统报错。而添加一个元组 ('A','B','C') 时，因为元组是不可变数据类型，所以该元组作为一个元素被添加进集合。

但是很多时候希望将一个序列或集合中的元素加入集合，要实现这个功能可以用 update() 方法，语法格式如下：

```
集合 .update(items)
```

items 可以是可变数据类型，如列表或集合，也可以是不可变数据类型，如字符串或元组。

例 5.18 集合的 update() 方法示例。

```
>>>names = {'John', 'Mike', 'Andy', 'Jack'}
>>>names.update({'A', 'B', 'C'})
>>>names
{'Jack', 'Andy', 'A', 'C', 'B', 'John', 'Mike'}
>>>names.update(['D', 'E'])
>>>names
{'John', 'Andy', 'A', 'E', 'D', 'Mike', 'Jack', 'C', 'B'}
>>>names.update(('F', 'G'))
>>>names
{'G', 'John', 'Andy', 'A', 'E', 'D', 'Mike', 'Jack', 'C', 'F', 'B'}
>>>names.update('HIG')
>>>names
{'G', 'John', 'I', 'H', 'Andy', 'A', 'E', 'D', 'Mike', 'Jack', 'C', 'F', 'B'}
```

remove() 方法用于从集合中删除指定的一个元素，如果元素不存在，则系统会报错。语法格式如下：

```
集合 .remove(item)
```

discard() 方法也用于从集合中删除指定的一个元素，但元素不存在时，系统不会报错。语法格式如下：

```
集合 .discard(item)
```

clear() 方法可以将集合中的所有元素清空，留下一个空的集合。语法格式如下：

```
集合 .clear()
```

例 5.19 集合元素的删除示例。

```
>>>names = {'John', 'Mike', 'Andy', 'Jack'}
>>>names.remove('A')
Traceback (most recent call last):
  File "<pyshell#23>", line 1, in <module>
    names.remove('A')
KeyError: 'A'
>>>names.remove('Mike')
>>>names
{'Jack', 'Andy', 'John'}
>>>names.discard('A')
>>>names
{'Jack', 'Andy', 'John'}
>>>names.clear()
>>>names
set()
```

5.2.3 集合的运算

在数学上集合可以进行并集、交集、差集和对称差集的运算，如图 5-1 所示。

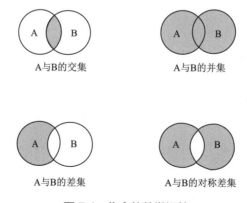

图 5-1 集合的数学运算

Python 语言也提供这几种针对集合的常见运算。这几种运算既可以通过函数进行，也可以通过运算符进行。具体使用方式见表 5-1，s1 和 s2 代表两个集合。

表 5-1　集合的数学运算

运　算	函　数	运算符	描　述
并集	s1.union(s2)	s1 | s2	返回包含两个集合所有元素的新集合
交集	s1.intersection(s2)	s1 & s2	返回包含两个集合的共有元素的新集合
差集	s1.difference(s2)	s1−s2	返回包含在 s1 但不包含在 s2 的所有元素的集合
对称差集	s1.symmetric_difference(s2)	s1 ^ s2	返回除了两个集合共有元素以外所有元素的集合

例 5.20　集合的运算示例。

```
>>>s1 = {1, 2, 3}
>>>s2 = {3, 4, 5}
>>>s1.union(s2)
{1, 2, 3, 4, 5}
>>>s1 | s2
{1, 2, 3, 4, 5}
>>>s1.intersection(s2)
{3}
>>>s1 & s2
{3}
>>>s1.difference(s2)
{1, 2}
>>>s1 - s2
{1, 2}
>>>s1.symmetric_difference(s2)
{1, 2, 4, 5}
>>>s1 ^ s2
{1, 2, 4, 5}
```

5.2.4　集合的判断

如果集合 s1 的所有元素都在集合 s2 中，就称 s1 是 s2 的子集，s2 是 s1 的超集。如果 s1 是 s2 的子集，且 s2 中至少有一个 s1 中不存在的元素，则称 s1 是 s2 的真子集，s2 是 s1 的真超集。判断两个集合是否存在以上关系的函数和运算符见表 5-2。

表 5-2　集合的判断函数和运算符

关　系	函　数	运算符	描　述
子集	s1.issubset(s2)	s1 <= s2	判断 s1 是否是 s2 的子集
真子集		s1 < s2	判断 s1 是否是 s2 的真子集
超集	s1.issuperset(s2)	s1 >= s2	判断 s1 是否是 s2 的超集
真超集		s1 > s2	判断 s1 是否是 s2 的真超集
相等		s1 == s2	判断 s1 和 s2 是否包含了完全相同的元素

例 5.21 集合的关系判断示例。

```
>>>s1 = {1, 2, 3}
>>>s2 = {1, 2, 3, 4}
>>>s1.issubset(s2)
True
>>>s1 <= s2
True
>>>s1 < s2
True
>>>s2.issuperset(s1)
True
>>>s2 > s1
True
>>>s2 = {1, 2, 3}
>>>s1.issubset(s2)
True
>>>s1 < s2
False
>>>s1 == s2
True
```

如果要判断某个元素是否在集合中，可以用 in 和 not in 运算符。

例 5.22 判断元素是否在集合示例。

```
>>>s1 = {1, 2, 3}
>>>1 in s1
True
>>>1 not in s1
False
```

▌ 小　结

本章介绍了字典和集合。这两种数据类型都是用大括号"{ }"来存放元素的，并且它们的元素都是无序的。

字典通过键值对的方式建立了数据与数据的对应关系。其中，键的类型必须是不可变，而值的类型没有要求，任何类型的数据都可以成为值。键是不可以重复的，字典通过键可以访问对应的值。字典支持条目的增加、删除、修改值等操作。字典提供了键的遍历、值的遍历、键值对的遍历等几种遍历方式。字典与字典可以进行合并，如果不同的字典有相同的键，则只会保留一个。

集合是一个包含不重复数据的无序数据集合。集合的元素是不可变的类型。如果创建集合时有重复的元素，集合会自动去重只会保留一个，因此集合常用于元素的去重操作。集合支持交集、并集、差集、对称差集等常见的数学运算。

▌练习与思考

1. 空字典是怎样创建的？空集合是怎样创建的？

2. 有一个只有一个条目的字典 foods = {'可乐':5}，当试图访问 foods['咖啡'] 时，会发生什么？

3. 集合数据类型有哪些数学运算？分别可以怎样实现？

4. 某年份三季度公有云 IaaS 市场份额排名前五为：阿里云、华为云、腾讯云、天翼云、亚马逊云，公有云 PaaS 市场份额排名前五为：阿里云、亚马逊云、腾讯云、华为云、百度智能云。请编写程序实现：

（1）入围两个榜单的所有云产品；

（2）同时入围两个榜单的云产品；

（3）只入围了一个榜单的云产品。

5. 小张和小王是同班同学，他们共同接到一项统计班级同学籍贯分布的任务。小张和小王决定分头统计，小张负责统计所有男生，小王负责统计所有女生，最后再汇总两个人的统计结果。小张统计出来的结果是：浙江 5 人，江苏 3 人，吉林 6 人，辽宁 2 人，山东 4 人。小王统计出来的结果是：浙江 2 人，吉林 1 人，福建 2 人，河南 3 人。编写程序输出两个人的统计结果汇总。要求用字典存储统计结果。

6. 学生成绩表见表 5-3。

表 5-3　学生成绩表

姓　　名	性　　别	语　　文	数　　学	英　　语
李军	男	87	84	93
张萍	女	67	76	84
王武	男	79	93	74
刘悦	女	78	91	80
李亮	男	89	74	70

编写程序完成如下任务：

（1）求 3 门课平均分在 85 分以上的学生人数。

（2）求所有学生的总成绩，用二维列表保存，格式为 [[学生1,总分],[学生2,总分],……]。

（3）求数学这门课的平均分。

（4）求男生和女生的各自平均成绩，比较男生和女生谁的成绩更好。

提示：用一个字典保存所有学生的成绩，以 {'李军':('男',87,84,93),'张萍':……} 的格式。

第6章
函　　数

在之前的章节使用了很多内置函数，如 print()、input()、range() 等。除了内置函数，也可以定义自己的函数完成特定的任务。创建函数的最主要目的是将需要重复使用的实现特定目的的代码放在一起，并定义函数名和调用方式，下次再需要实现同样目的的时候，只需要调用函数即可。

6.1　函数的定义和调用

定义函数的语法格式如下：

```
def 函数名 ([参数列表]):
    函数体
```

圆括号内是参数列表，多个参数用逗号分开。圆括号后面必须有冒号。函数体相对 def 必须有缩进。

函数体可以使用 return 语句来返回值，这个值通常就是执行特定任务的函数的执行结果，例如一个求多个数字的最大值的函数，返回值通常就是这个最大值。return 语句可以有多条，而且可以出现在函数体的任何位置。一旦执行到一条 return 语句，函数就运行结束了。

下面先看一个简单的函数定义和调用的例子，这个函数实现了求两个数值中较大的一个：

```
>>>def myMax(a, b):
        if a > b: return a
        else: return b
>>>myMax(3, 6)
6
```

6.2　lambda 函数

还有一种简便的定义匿名函数的方法是使用 lambda 函数，语法格式如下：

```
lambda [参数列表]:<表达式>
```

其中表达式只能有一个，并且表达式不能访问参数列表之外或全局命名空间里的参数。

lambda 函数的常见用法是将函数赋值给一个变量，然后通过这个变量调用 lambda 函数。

例 6.1　用 lambda 函数生成一个返回两个数的和的函数对象。

```
>>>f = lambda x, y: x + y
>>>type(f)
<class 'function'>
>>>f(2, 3)
5
```

还有一种更加简洁的方式是定义的同时就调用：

```
>>>(lambda x, y: x + y)(2, 3)
```

结果返回 5。

lambda 函数还有一种典型用法是和 filter()、map()、reduce() 等函数一起使用。

filter() 函数用于过滤序列，语法格式如下：

```
filter(function, iterable)
```

function 参数接收一个函数对象，iterable 参数接收一个序列。将序列中的每个元素作为参数传递给 function 函数进行评判，将返回 True 的元素形成一个新序列并返回。

例 6.2　lambda 函数配合 filter() 函数。

```
>>>nums = [1,2,3,4,5,6,7,8,9]
>>>print(list(filter(lambda x: x > 5, nums)))
[6, 7, 8, 9]
```

6.3　函数的参数

函数的参数是调用函数时提供给函数的值。在函数内部参数被称为形参,而在调用
函数时提供给函数的值被称为实参。

6.3.1　基于位置的参数

基于位置的参数是最常见的使用参数的方式,即按照参数出现的顺序依次赋值。

例 6.3　基于位置的参数示例。

```
>>>def myFun(x, y, z):
        return(x + y - z)
>>>print(myFun(1, 3, 5))
-1
```

6.3.2　基于名称的参数

调用参数时可以指定对应参数的名字,这样可以在调用时与函数定义时参数顺序
不同。

例 6.4　基于名称的参数示例。

```
>>>def myFun(x, y, z):
        return(x + y - z)
>>>print(myFun(z = 5, x = 1, y = 3))
-1
```

这时就忽略参数的位置,根据参数的名称把参数值传递给函数。

基于位置和基于名称是可以混合使用的:

```
>>>print(myFun(1, z = 5, y = 3))
-1
```

第一个参数没有名称,因此是基于位置的,对应形参 x;第二、三个参数是基于名称。

6.3.3　参数默认值

可以在定义函数时为参数指定默认值,这样在调用函数时如果没有提供对应的参数
值时,会用默认值作为参数值。

例 6.5　参数的默认值示例。

```
>>>def myFun(x = 0, y = 1, z = 2):
        return x + y - z
```

```
>>>print(myFun(3, 4))
5
>>>print(myFun(z = 6))
-5
```

myFun(3, 4) 语句中,省略了第三个参数,则 z 使用默认值 2,3 和 4 分别传递给 x 和 y,这样 $x + y - z = 3 + 4 - 2 = 5$。

myFun(z = 6) 语句中,使用了基于名称的参数,指定了参数 $z = 6$,被省略的 x 和 y 分别使用默认值 0 和 1,则 $x + y - z = 0 + 1 - 6 = -5$。

6.3.4 可变数量参数

在函数定义的时候,如果参数前有一个"*",就意味着可以向函数传递可变数量的参数。从该参数后的所有参数都被收集成一个元组。

例 6.6 可变数量的参数示例。

```
>>>def mySum(*x):
        total = 0
        for n in x:
            total += n
        return total
>>>print(mySum(1, 2, 3))
6
```

在函数定义的时候,如果参数前有两个"*",则可以向函数传递可变数量的参数,多个参数被收集成一个字典,参数名作为字典条目的键,参数值作为字典条目的值。

例 6.7 可变数量的参数示例。

```
>>>def scoreSum(**scores):
        total = 0
        for name in scores.keys():
            print(name, end="")
            print(scores[name])
            total += scores[name]
        print("总分 {0}".format(total))
>>>scoreSum(语文 = 82, 数学 = 88, 英语 = 90)
语文 82
数学 88
英语 90
总分 260
```

6.3.5　形参和实参

思考这样一个问题：在函数体内对形参进行的改变，会影响到对应的实参吗？先来看一个对形参进行修改的例子：

```
>>>def change(x, y):
        x = 3
        y = 5
>>>a, b = 1, 1
>>>change(a, b)
>>>print(a, b)
1 1
```

可以看到，执行 change() 函数之后，*a* 和 *b* 的值并没有改变。

再来看一下对形参进行改变的例子：

```
>>>def change(a):
        a[0] = 3
        a[1] = 5
>>>x = [1, 1]
>>>change(x)
>>>print(x)
[3, 5]
```

为什么第一个程序中形参变化没有影响到实参，第二个程序中形参的变化导致了实参的改变呢？这是由参数的类型决定的。第二个程序使用的列表类型数据作为参数，这时形参是列表的引用，并没有创建新的列表，形参和实参指向的其实是同一个列表。

当参数是不可变类型时，如整型、浮点型、字符串类型、布尔型，形参只是接收实参的值，形参和实参实际是两个不同的对象，形参的变化自然不会影响实参。当参数是可变类型时，如列表、字典、集合，形参接收的实参的值是一个引用，形参和实参指向的实际是同一个对象，因此形参的改变会影响实参。

6.3.6　变量的作用域

每个变量都有自己的作用域，作用域决定了能否对变量进行访问。按作用域可以把变量分为"局部变量"和"全局变量"。

1. 局部变量

定义在函数内的变量是局部变量，作用域在该函数内部。如果试图在函数外或其他函数中访问该变量，系统会报错。例如：

```
>>>def f():
        x = 5
        print(x)
>>>f()
5
>>>x
Traceback (most recent call last):
  File "<pyshell#7>", line 1, in <module>
    x
NameError: name 'x' is not defined
```

在函数 f() 内部定义了一个变量 x，这是一个局部变量。当试图在函数外部访问 x，系统报错，提示 x 未定义，即找不到 x 这个变量。

2. 全局变量

定义在函数外的变量是全局变量，作用域在整个程序。例如：

```
>>>def f():
        print(x)
>>>x = 100
>>>f()
100
```

函数 f() 实现打印输出 x，而函数内部没有定义 x 变量，访问的是外部定义的全局变量 x，打印出来的值为 100 也印证了访问的就是全局变量 x。

3. 局部变量和全局变量同名

如果局部变量和全局变量同名，那如何判断访问的是哪个呢？例如：

```
>>>def f():
        x = 5
        print(x)
>>>x = 10
>>>f()
5
>>>x
10
```

函数 f() 里定义了一个局部变量 x，函数外又定义了一个全局变量 x。可以看到，函数 f() 输出的是局部变量 x 的值，函数外访问的是全局变量 x。Python 语言在这种情况下的原则是在函数体内，同名局部变量屏蔽全局变量。如果一定要在函数中访问同名的全局变量，可以使用 global 关键字。

例 6.8　使用 global 关键字访问全局变量。

```
>>>def f():
        global x
        x = 5
>>>x = 10
>>>f()
>>>print(x)
5
```

在函数 f() 里，用 global 关键字表示 x 是全局变量，赋值为 5 之后，全局变量 x 的
值由 10 变成了 5。

6.4　函数的递归

函数封装了实现一定目的的一段代码，用于其他程序的调用。那么，可不可以被函
数自身的代码调用呢？答案是可以的。函数调用自身的方式称为递归。

在数学上这种情况是很常见的，例如求阶乘的计算：$5! = 5 \times 4!$，$4! = 4 \times 3!$，这样递
推直到 $2! = 2 \times 1!$，而 $1! = 1$，就到底了。$1! = 1$ 就是递归的终止条件。递归必须要有终
止条件，当没达到终止条件时，递归调用自身；当终止条件满足时，不再继续递归。

例 6.9　用递归求解 n 的阶乘。

```
>>>def fact(n):
        if n == 1:
            return 1
        else:
            return n * fact(n - 1)
>>>fact(5)
120
```

再看一个用递归求解斐波那契数列的例子。又称黄金分割数列，因数学家莱昂纳
多·斐波那契（Leonardo Fibonacci）以兔子繁殖为例子而引入，故又称为"兔子数列"，
是这样的一个数列：1，1，2，3，5，8，13……，即从第 3 项开始，每一项都等于前两
项之和，抽象成递归的数学形式就是 fib(n) = fib(n-1) + fib(n-2)，fib(0) = fib(1) = 1 是终
止条件。

例 6.10　用递归求解斐波那契数列。

```
>>>def fib(n):
        if n == 0 or n == 1:
```

```
            return 1
        else:
            return fib(n -1) + fib(n -2)
>>>for i in range(20):
        print(fib(i), end=' ')
1 1 2 3 5 8 13 21 34 55 89 144 233 377 610 987 1597 2584 4181 6765
```

▌ 小　结

函数用来组织可以重复利用的模块化程序。函数定义部分出现的参数为形参，函数调用时传递给函数的参数为实参。介绍了 lambda() 函数和递归函数。

▌ 练习与思考

1. 在程序中定义和使用函数能带来哪些好处？

2. 如何在函数中指定引用的变量是全局变量？

3. 编写程序输出 Collatz 序列。定义一个 collatz() 函数，接收一个参数 n，如果 n 是偶数，返回 $n / 2$；如果 n 是奇数，返回 $3n + 1$。直到 n 为 1，停止调用。神奇的是 Collatz 序列最后一定会得到 1 来终结序列。

4. 编写函数 area(r)，r 是圆的半径，该函数实现根据半径求圆的面积。从键盘输入数值作为圆的半径。

5. 编写函数 isPrime(n)，参数 n 是整数。如果 n 是质数，返回 True，否则返回 False。

6. 实现 multisum() 函数，参数个数不限，类型为数值类型，返回所有参数的和。

7. 汉诺塔（Tower of Hanoi），又称河内塔，是一个源于印度古老传说的益智玩具。大梵天创造世界的时候做了三根金刚石柱子，在一根柱子上从下往上按照大小顺序摆着 64 片黄金圆盘。大梵天命令婆罗门把圆盘从下面开始按大小顺序重新摆放在另一根柱子上。并且规定，在小圆盘上不能放大圆盘，在三根柱子之间一次只能移动一个圆盘。

现在用程序来模拟汉诺塔。三根柱子分别用 A、B、C 来表示，初始时所有的圆盘都在 A 柱子上，最终要全部移到 C 柱子上。移动的过程用"柱子—> 柱子"的形式表示，例如一个圆盘从 A 移动到 C，表示为 A—>C。编写一个递归函数 move()，实现移动的过程。圆盘的个数由键盘输入。

第 7 章
文　件

在程序运行的时候，是用变量来保存数据的。变量运行在内存中，一旦程序结束，数据就丢失了。如果希望程序结束后数据仍然能长期保存，就需要将数据保存在文件中。

7.1　文件基础知识

文件是存储在长期存储设备上的一组数据集合。长期存储设备指的是硬盘、光盘、磁带等，数据可以长期保存在上面，并且不因为断电而丢失。

文件通常可以分为文本文件和二进制文件。文本文件只包含基本文件字符，不包含字体、大小、颜色等格式信息，最常见的如 txt 文件，还有 Python 的源码文件 .py 文件；二进制文件如图片文件、doc 文件、xls 文件、声音文件等。如果用记事本或写字板打开二进制文件，通常看到的是无法理解的乱码，因此具有特殊格式的二进制文件通常要借助匹配的各种库进行处理。本章节不讨论二进制文件的操作，只介绍文本文件的基本操作。

7.1.1　文件名和文件目录

文件都有文件名。文件名包含主文件名和扩展名两部分，之间用"."隔开。主文件名由用户根据操作系统规则自行命名，扩展名表明了文件的类型和处理该文件的程序。例如，文件名 test.txt 的文件，主文件名是 test，扩展名是 txt，表示这是一个文本文件，可以用记事本之类的文本阅读器打开。

操作系统用目录来组织和管理多个文件，文件保存的位置称为路径。路径有绝对路径和相对路径。绝对路径是指从根目录开始一直到文件所在目录的完整路径，例如在 Windows 操作系统下，D 盘根目录下的 Python 目录下的 7-1.py 文件，绝对路径表示为：

```
D:\Python\7-1.py
```

相对路径指以当前工作目录为基准，描述文件所在的位置。每个运行的程序都有一个当前工作目录，通常为程序文件所在的目录。例如，在 D 盘的 Python 目录下新建一个 test.py，输入：

```
>>>import os
>>>print(os.getcwd())
```

运行结果：

```
D:\Python
```

Python 语言内置的 os.getcwd() 可以用来获取当前目录的绝对路径。

也可以在命令行直接输入：

```
>>>import os
>>>os.getcwd()
'C:\\Programs\\Python\\Python310'
```

这时返回的绝对路径是 Python 的 IDLE 程序所在的目录，也是 IDLE 程序默认工作目录。这个当前工作目录是可以修改的：

```
>>>os.chdir('D:\\Python')
>>>os.getcwd()
'D:\\Python'
```

在使用相对路径表示某文件所在的位置时，经常使用 ".\" 表示当前目录，用 "..\" 表示当前目录的父目录。

当前目录为 D:\Python 时，如果该目录下有一个文件名为 "7-2.py" 的文件，则相对路径是：

```
.\7-2.py
```

如果 D:\Python\Code 目录下有一个文件名为 "7-2.py" 的文件，则相对路径是：

```
.\Code\7-2.py
```

如果 D:\ 目录下有一个文件名为 "7-2.py" 的文件，则相对路径是：

```
..\7-2.py
```

在 Python 程序中使用字符串表示路径的时候，因为反斜杠"\"是转义字符，所以要连续写两个反斜框，如：

```
D:\\Python\\7-2.py
```

7.1.2　与路径有关的函数

Python 语言提供的 os.path 模块提供了许多与文件路径有关的函数，下面简单介绍一些常用的函数。

os.path.abspath(path) 函数返回一个绝对路径字符串，可用于将相对路径转换为绝对路径。

os.path.isabs(path) 函数判断 path 是否是一个绝对路径，如果是就返回 True，否则返回 False。注意，该函数只是检查 path 是否符合绝对路径格式，而不会去验证该路径是否真实存在。

os.path.relpath(path, start) 函数返回从 start 路径到 path 路径的相对路径字符串。如果省略 start，就使用当前工作目录作为开始路径。该函数同样不会去验证 path 和 start 参数所表示路径是否真实存在。

例 7.1　路径相关函数示例。

```
>>>import os
>>>os.path.abspath('.')
'C:\\Users\\Andy\\AppData\\Local\\Programs\\Python\\Python310'
>>>os.path.abspath('.\\Scripts')
'C:\\Users\\Andy\\AppData\\Local\\Programs\\Python\\Python310\\Scripts'
>>>os.path.isabs('..')
False
>>>os.path.isabs('C:\\Users\\Python')
True
>>>os.path.isabs('.\\Users\\Python')
False
>>>os.path.relpath('C:\\Users\\Andy\\AppData\\', 'C:\\')
'Users\\Andy\\AppData'
>>>os.path.relpath('C:\\Users\\Andy\\AppData\\', 'C:\\Python')
'..\\Users\\zjsw-he\\AppData'
```

对于一个文件来说，可以认为一个完整的文件名包含两部分，第一部分是路径，第二部分是文件名本身。例如一个存放在 D 盘 Python 目录下的 test.txt 文件，完整的文件名是：

```
D:\\Python\\test.txt
```

　　如果 path 是一个完整的文件名,os.path.dirname(path) 函数返回 path 参数的路径部分,os.path.basename(path) 函数返回 path 参数的文件名部分。os.path.split(path) 函数可以一次性获取路径和文件名,返回路径字符串和文件名字符串组成的元组。

　　例获取路径和文件名示例。

```
>>>testpath = 'C:\\Users\\Python\\test.txt'
>>>os.path.dirname(testpath)
'C:\\Users\\Python'
>>>os.path.basename(testpath)
'test.txt'
>>>os.path.split(testpath)
('C:\\Users\\Python', 'test.txt')
```

　　注意,os.path.split() 函数无法直接获取路径中的每个文件夹,但有时可能需要把路径拆分成所有途经的文件夹。这时就需要使用字符串的 split() 方法,并用 os.path.sep 变量作为分隔符。os.path.sep 变量会获取当前操作系统的路径分隔符,因为在 Windows 操作系统和 Linux 操作系统下的路径分隔符是不同的,前者为"\",后者为"/"。

　　例 7.2　用路径分隔符拆分路径示例。

```
>>>testpath = 'C:\\Users\\Python\\test.txt'
>>>testpath.split('\\')
['C:', 'Users', 'Python', 'test.txt']
>>>testpath.split(os.path.sep)
['C:', 'Users', 'Python', 'test.txt']
>>>os.path.sep
'\\'
```

　　可以看到,当前操作系统的路径分隔符是"\\",所以使用 testpath.split('\\') 语句也能达到同样的效果。但考虑到程序的通用性,还是建议使用 testpath.split(os.path.sep) 语句,这样将来一旦程序运行在其他操作系统,就不需要修改代码了。

　　os.makedirs(path) 函数用于创建新目录,例如 path 参数为"D:\\Users\\Python\\test",执行 os.makedirs(path) 之后,会在 C 盘下创建 Users 文件夹,在 Users 文件夹下创建 Python 文件夹,即整个路径上涉及的文件夹都会被创建。

7.1.3　查看文件和文件夹的信息

　　os.path 模块提供了一些函数用于查看文件和文件夹的信息。

　　os.path.getsize(path) 函数用于获取 path 参数指定的文件的大小,单位为字节。例如:

```
>>>os.path.getsize('C:\\Windows\\System32\\whoami.exe')
```

```
73728
```

os.listdir(path) 函数用于获取 path 参数代表的路径下的所有文件名字符串列表。例如：

```
>>>os.listdir('C:\Windows\System32\setup')
['cmmigr.dll', 'comsetup.dll', 'en-US', 'FXSOCM.dll', 'msdtcstp.dll',
'pbkmigr.dll', 'RasMigPlugin.dll', 'tssysprep.dll']
```

例 7.3　结合 os.path.getsize(path) 函数和 os.listdir(path) 函数，计算一个文件夹下所有文件的总大小。

```
>>>import os
>>>total = 0
>>>for filename in os.listdir('C:\\Windows\\System32\\setup'):
        total=total+os.path.getsize('C:\\Windows\\System32\\setup\\'+filename)
>>>total
1121280
```

注意，该程序计算的文件大小不包括 C:\\Windows\\System32\\setup 的子目录中文件。如何在计算结果中包含子目录中所有的文件？请思考。

os.path 模块还提供了一些函数用于检测给定的路径是否存在，以及路径是文件还是文件夹。os.path.exists(path) 函数用于检测路径的存在性，存在则返回 True，不存在返回 False。os.path.isfile(path) 函数用于判断路径是否是一个文件，如果路径有效且是文件返回 True，否则返回 False。os.path.isdir(path) 函数用于判断路径是否是一个文件夹，如果路径有效且是文件夹返回 True，否则返回 False。

例 7.4　路径有效性检测示例。

```
>>>os.path.exists('C:\\Windows')
True
>>>os.path.exists('C:\\Windows\\123')
False
>>>os.path.isdir('C:\\Windows\\System32\\setup\\123')
False
>>>os.path.isdir('C:\\Windows\\System32\\setup')
True
>>>os.path.isfile('C:\\Windows\\System32\\setup\\cmmigr.dll')
True
>>>os.path.isfile('C:\\Windows\\System32\\setup\\cmmigr123.dll')
False
```

可以看到，os.path.isfile() 函数和 os.path.isdir() 函数都是既检测路径是否存在，又判断路径是否是文件或文件夹，两者都满足时才返回 True。

7.2 文件操作

通过文件的绝对路径或相对路径，就可以准确找到任何一个文件，然后进行文件操作。文件的操作包括打开文件、读文件、写文件、关闭文件等。

7.2.1 打开文件

文件在操作之前必须先调入内存，打开文件就是把文件从外部存储器调入内存的过程。Python 语言内置的 open 命令用于打开文件，并返回一个文件对象。语法格式如下：

```
文件对象名 = open ( 文件路径字符串 , 打开模式 )
```

其中，文件路径字符串可以使用绝对路径或相对路径；打开模式用于指定打开文件的类型和操作文件的方式，具体见表 7-1。

表 7-1 文件的打开模式

模 式 字 符	含　　　义
r	只读模式（默认），文件不存在则报错
w	覆盖写模式，不可读；文件不存在则新建，文件存在则重写内容
a	追加模式，不可读；文件不存在则新建，文件存在则追加内容
x	新建写模式，不可读；文件不存在则新建，文件存在则报错
+	与 r/w/a/x 结合使用，增加读写功能
t	文件类型
b	二进制类型

7.2.2 关闭文件

使用 open 命令打开文件后，这个文件就被 Python 程序调入了内存，其后的读写操作都在内存进行，并且其他程序不能操作该文件。

当读写文件完成后，就要将文件从内存保存回外存，同时解除 Python 程序对文件的占用。这个文件保存回外存的操作就是由文件对象的 close() 方法实现的。语法格式如下：

```
文件对象 .close()
```

7.2.3 读文件

读文件的方法见表 7-2。

表 7-2　读文件的方法

方　　法	含　　义
read([size])	从文件读取指定的字节数。如果 size 省略或为负，则读取所有内容
readline()	读取当前一行，并以字符串形式返回
readlines()	读取所有行，并返回列表，一行对应一个列表元素

例 7.5　读文件示例。

在目录 D:\Python 下新建一个 data.txt 文件，输入如下内容并保存（编码选择 ANSI）：

```
我们走后
他们会给你们修学校和医院
会提高你们的工资
```

使用 read() 方法，程序及运行结果如下：

```
>>>import os
>>>os.chdir('D:\\Python')
>>>file = open('data.txt', 'r')
>>>text = file.read()
>>>text
'我们走后 \n 他们会给你们修学校和医院 \n 会提高你们的工资 '
>>>import os
>>>os.chdir('D:\\Python')
>>>file = open('data.txt', 'r')
>>>file.readline()
'我们走后 \n'
>>>file.readline()
'他们会给你们修学校和医院 \n'
>>>file.readline()
'会提高你们的工资 '
```

程序连续调用了 3 次 readline() 方法，读出了 3 行内容。也可以用 for 循环来读出多行内容。

使用 readlines() 方法，程序及运行结果如下：

```
>>>file = open('data.txt', 'r')
>>>ls = file.readlines()
>>>type(ls)
<class 'list'>
>>>ls
['我们走后 \n', '他们会给你们修学校和医院 \n', '会提高你们的工资 ']
```

可以看到，readlines() 方法返回值为列表类型，每行对应一个列表元素。

7.2.4 写文件

写文件的方法见表 7-3。

表 7-3 写文件的方法

方　法	含　义
write(s)	把字符串 s 的内容写入文件，返回写入的字符个数
writelines(s)	将多个字符串组成的序列作为参数写入文件

例 7.6 写文件示例。

```
>>>file = open('dataw.txt', 'w')
>>>file.write('我们走后')
4
>>>file.write('他们会给你们修学校和医院')
12
>>>file.write('会提高你们的工资')
8
>>>file.close()
```

打开 dataw.txt 文件，如图 7-1 所示。

图 7-1　写文件示例效果 1

使用 writelines() 方法，程序如下：

```
>>>file = open('dataw.txt', 'w')
>>>file.writelines(['我们走后','他们会给你们修学校和医院','会提高你们的工资'])
>>>file.close()
```

这里用 writelines() 方法以字符串列表的形式写入文件，运行结果和上一个程序一致，如图 7-1 所示。可以看到，无论是 write() 函数还是 writelines() 函数，都不会在字符串的末尾自动加入换行符，如果想每个字符串后换行，必须手动添加换行符 "\n"，修改后的程序如下：

```
>>>file = open('dataw.txt', 'w')
```

```
>>>file.writelines(['我们走后\n','他们会给你们修学校和医院\n','会提高你们的工
资\n'])
>>>file.close()
```

打开 dataw.txt 文件，如图 7-2 所示。

图 7-2　写文件示例效果 2

writelines() 方法的参数除了可以是列表，也可以是元组、字典、集合，但是元素必须是字符串。请读者自行验证将集合和字典作为参数写入文件。

7.3 CSV 文件操作

CSV（Comma-Separated Values）文件是一种通用的文件格式，是一种纯文本形式的表格文件。很多关系型数据库都支持 CSV 文件的导入导出，并且 Excel 也可以查看 CSV 文件。文件中的每一行的多个元素用逗号分隔。通常所有记录都有完全相同的字段序列。

CSV 文件可以用记事本、写字板、Excel 等软件打开，图 7-3 是用记事本打开的保存学生成绩的 CSV 文件内容。

图 7-3　记事本打开 CSV 文件

如果用 Excel 打开，如图 7-4 所示。

	A	B	C	D	E	F
1	学号	姓名	语文	数学	英语	
2	201901	张三	89	95	69	
3	201902	李四	76	72	93	
4	201903	王五	89	87	69	
5	201904	刘六	60	83	74	
6						

图 7-4　Excel 打开 CSV 文件

7.3.1　CSV 文件的打开

CSV 文件也是文本文件，因此打开方式和一般的文本文件完全一致，即用 open 命令打开，用 close() 方法关闭。除此之外，Python 还提供了一种方法来打开和关闭文件，即使用 with 语句来打开文件，在文件操作结束后会自动关闭文件。其语法格式如下：

```
with open(文件路径字符串，打开模式) as 文件对象名：
    文件操作语句
```

因为使用 with 语句更加的清晰简洁，后续都使用 with 语句来打开 CSV 文件。

7.3.2　读 CSV 文件

使用 CSV 模块的 reader 对象可以读取 CSV 文件，通过遍历 reader 对象获取文件中的每一行。

例 7.7　读 CSV 文件示例。

```
>>>import csv
>>>with open('score.csv', 'r') as scorecsv:
        reader = csv.reader(scorecsv)
        for row in reader:
            print(row)
['学号', '姓名', '语文', '数学', '英语']
['201901', '张三', '89', '95', '69']
['201902', '李四', '76', '72', '93']
['201903', '王五', '89', '87', '69']
['201904', '刘六', '60', '83', '74']
```

可以看到，用 with 语句打开文件之后，创建了一个 csv 的 reader 对象，然后该 reader 对象可以通过 for 循环进行遍历，每一行都以列表的形式输出，且所有的数据都是字符串类型。

7.3.3　写 CSV 文件

使用 CSV 模块的 writer 对象可以将数据写入 CSV 文件。通过 writer 对象的 writerow()
或 writerows() 方法，可以将数据写入文件。

例 7.8　用 writerow() 方法写入两条记录：'201905', ' 王芳 ', '67', '73', '94'
和 '201906', ' 李强 ','79','89','72'

```
>>>with open('score.csv', 'w') as scorecsv:
       writer = csv.writer(scorecsv)
       writer.writerow(['201905', ' 王芳 ', '67', '73', '94'])
       writer.writerow(['201906', ' 李强 ', '79', '89', '72'])
```

查看运行结果，用 Excel 打开 score.csv 文件，如图 7-5 所示。

	A	B	C	D	E	F
1	201905	王芳	67	73	94	
2						
3	201906	李强	79	89	72	
4						
5						

图 7-5　写 CSV 文件示例 1

可以看到，在两行数据之间出现了空行，这是不希望出现的。解决方法是在打开文
件时加上 newline='' 参数，指明在写入记录时不插入空行。程序如下：

```
>>>with open('score.csv', 'w', newline='') as scorecsv:
       writer = csv.writer(scorecsv)
       writer.writerow(['201905', ' 王芳 ', '67', '73', '94'])
       writer.writerow(['201906', ' 李强 ', '79', '89', '72'])
```

查看运行结果，打开 score.csv 文件，如图 7-6 所示，可以看到空行已经没有了。

	A	B	C	D	E	F
1	201905	王芳	67	73	94	
2	201906	李强	79	89	72	
3						
4						

图 7-6　写 CSV 文件示例 2

writer 对象也提供了一次写入多行的方法 writerows()，将每行数据作为列表的一个
元素。

例 7.9　用 writerows() 方法一次写入多行数据示例。

```
>>>with open('score.csv', 'w', newline='') as scorecsv:
```

```
        writer = csv.writer(scorecsv)
        writer.writerows([['201905', '王芳', '67', '73', '94'], ['201906',
'李强', '79', '89', '72']])
```

运行结果如图 7-6 所示。

▎小　　结

本章介绍了文件的基础知识，以及用 Python 语言查看文件的相关函数。讲解了读写文本文件的方法，包含了打开、读写和关闭三个步骤。针对 CSV 文件介绍了用 reader 对象和 writer 对象读写文件的方法。

▎练习与思考

1. 相对路径和绝对路径有什么区别？相对路径的这个"相对"如何理解？

2. os.getcwd() 函数和 os.chdir() 函数的作用是什么？

3. 可以传递给 open() 函数的模式参数有哪些？含义分别是什么？

4. 请下载一个英文的 txt 格式的文本文件，编写程序统计该文本中出现频率排名前 10 的单词，并将结果保存为一个词频统计文本文件。

第 8 章
面向对象

面向对象程序设计（Object Oriented Programming，OOP）是一种计算机编程架构。面向对象程序设计方法是尽可能模拟人类的思维方式，使得软件的开发方法与过程尽可能接近人类认识世界、解决现实问题的方法和过程，也即使得描述问题的问题空间与问题的解决方案空间在结构上尽可能一致，把客观世界中的实体抽象为问题域中的对象。

在本章中，将学习类和对象的概念，以及如何使用 Python 语言进行面向对象程序设计。

8.1 类和对象的概念

对象表示现实世界中可以明确标识的一个实体。这个实体可以是具体的，如一个学生、一张桌子，也可以是抽象的，如一个计划、一个长方形都可以看作是一个对象。

每个对象都有自己的属性和行为两个方面。属性用来描述对象的一些基本信息，如学生对象具有姓名、学号、专业等属性，长方形具有长、宽等属性。行为用来表示对象可以做的操作，例如，学生对象可以有运动、考试等行为，长方形对象具有计算面积等行为。

类是用来定义对象的属性和行为的模板。面向对象程序设计的核心就是类的设计，而对象是类的实例，是类的具体化。

Python 是一门面向对象的语言，在 Python 语言中所有的类型都是类，包括内置的数值类型、字符串类型等。因此，使用 Python 语言进行面向对象程序设计是非常方便的。

8.2 创建类和对象

Python 语言使用 class 关键字来定义类，格式如下：

```
class ClassName:
    '类的帮助信息'
    class_suite  # 类体
```

类的帮助信息可以通过 ClassName.＿＿doc＿＿查看。

class_suite 由类的方法和属性组成。

下面定义一个学生类来演示类的定义：

```
class Student:
    '学生类'
    stuCount = 0
    def ＿_init＿_(self, name, number):
        self.name = name
        self.number = number
        Student.stuCount += 1
    def displayStudent(self):
        print(self.name, self.number)
```

类的所有方法的第一个参数都必须是名为 self 的参数，self 代表要创建的对象本身，类似于 Java 或 C++ 语言的 this 关键字。self 只在定义方法的时候出现，在通过对象调用方法时并不需要传递这个参数。

＿_init＿_() 方法是一种特殊的方法，称为构造函数或初始化方法。这个方法不需要手工调用，当创建类的对象时系统会自动调用。

＿_init＿_() 方法有三个参数，除了第一个固定参数 self，参数 name 和 number 用于给成员变量 self.name 和 self.number 赋值。成员变量是属于对象的，不同对象的成员变量是不同的。这里的不同指的是成员变量的归属于不同的对象，而不是成员变量的具体内容。例如学生对象有一个成员变量表示身高，学生张三的身高是 180cm，学生李四的身高也是 180cm，但学生对象张三的身高成员变量和学生对象李四的身高成员变量仍然是两个独立的不同的变量。

stuCount 被称为类变量或静态变量，是属于类本身的变量，不属于某个特定的对象，所有对象共享这个变量。成员变量只能通过对象访问，类变量通过对象和类都可以访问。

学生类的方法 displayStudent() 用于输出学生的基本信息：姓名＋学号。

创建类的对象格式如下：

```
对象名 = 类名([参数])
```

例 8.1　创建 Student 类对象示例。

```
>>>class Student:
    '学生类'
    stuCount = 0
    def _ _init_ _(self, name, number):
        self.name = name
        self.number = number
        Student.stuCount += 1
    def displayStudent(self):
        print(self.name, self.number)
>>>s1 = Student('张三', '201901')
>>>s2 = Student('李四', '201902')
>>>s1.displayStudent()
张三 201901
>>>s2.displayStudent()
李四 201902
>>>print('Total students: ', Student.stuCount)
Total students:  2
```

在创建学生对象的时候，把姓名和学号作为参数，系统会自动调用构造函数 _ _init_ _()进行成员变量的初始化赋值，如 self.name = name 语句，这里的两个 name 代表不同的变量，self.name 中的 name 是要创建的学生对象的成员变量，等号后面的 name 是 _ _init_ _()构造函数的形参。

每新建一个学生对象，类变量 stuCount 就加 1，实现学生人数的计数。

8.3　类 的 封 装

封装是面向对象的主要特性之一。在面向对象程序设计中，封装的最基本单位是对象。对于使用对象用户来说，对象应该是一个"黑盒子"，对象内部是如何对各种行为进行操作、运行、实现等细节是不需要知道的，用户只需要通过对象可以公开访问的接口进行相关操作即可。例如电视机对象，用户只需要知道如何通过外部按钮操作即可，不需要知道电视机内部的原理和设计。

将类的成员或方法以两个下划线"_ _"开头，表明这是类的私有属性和方法，不能在类的外部调用。

例 8.2 将 Student 类的属性设置为私有。

```
>>>class Student:
    '学生类'
    def _ _init_ _(self, name, number):
        self._ _name = name
        self.number = number
    def displayStudent(self):
        print(self._ _name, self.number)
>>>s1 = Student('张三', '201901')
>>>s1.number
'201901'
>>>s1._ _name
Traceback (most recent call last):
  File "<pyshell#30>", line 1, in <module>
    s1._ _name
AttributeError: 'Student' object has no attribute '_ _name'
>>>s1.displayStudent()
张三 201901
```

可以看到，在把学生的姓名定义为私有属性 _ _name 之后，试图在对象外部访问私有属性 _ _name 时，系统报错提示没有这个属性，其实就是这个属性设置为私有之后在外部不可见了。但 displayStudent() 方法仍然可以正常访问私有属性 _ _name。这样就限制了外部访问 _ _name，要访问 _ _name 只能通过成员方法 displayStudent()，这个方法就成了对象的对外接口。

成员方法可以用同样的方法定义为私有的，如把展示学生信息的方法名称改为 _ _displayStudent()，这样 _ _displayStudent() 也无法在对象的外部访问了：

```
>>>class Student:
    '学生类'
    def _ _init_ _(self, name, number):
        self._ _name = name
        self.number = number
    def _ _displayStudent(self):
        print(self._ _name, self.number)
>>>s1 = Student('张三', '201901')
```

```
>>>s1._ _displayStudent()
Traceback (most recent call last):
  File "<pyshell#35> ", line 1, in <module>
    s1._ _displayStudent()
AttributeError: 'Student' object has no attribute '—displayStudent'
```

8.4　类 的 继 承

以现有代码为基础方便地扩充出新的功能和特性，是所有软件开发者的需求。结构化的程序设计语言对此没有特殊支持。而面向对象的程序设计通过引入继承机制，较好地满足了这方面的需求。

8.4.1　继承的基本结构

Python 语言支持类层面的继承机制，在编写一个新类的时候，可以以现有的类作为基础，使得新类从现有的类派生而来，从而达到代码扩充和代码重用的目的。被继承的类称为父类或基类，通过继承创建的新类称为子类或派生类。

继承的格式如下：

```
class 派生类名 ( 基类名 ):
    ......
```

例 8.3　定义一个 Person 类，再定义 Person 类的派生类 Student 类。

```
>>>class Person:
      def _ _init_ _(self, name):
          self.name = name
          print('Person init')
>>>class Student(Person):
      def _ _init_ _(self, name, number):
          super()._ _init_ _(name)
          self.number = number
          print('Student init')
      def display(self):
          print(self.number, self.name)
>>>s = Student(' 张三 ', '201901')
Person init
Student init
>>>s.display()
201901 张三
```

这里先定义了一个 Person 类，有姓名 name 属性。又定义了一个 Student 类继承了 Person 类，同时给 Student 类定义了一个新的属性学号 number，这样 Student 类就既拥有新定义的学号属性 number，又拥有继承来的姓名属性 name。

注意，子类在创建的时候，不会自动调用父类的构造函数，要通过 super() 这一特殊的函数来找到父类，super().＿＿init＿＿() 表示调用父类的构造函数。

Python 语言还提供了两个函数 issubclass(Class1, Class2)、isinstance(obj, Class)，前者用于判断一个类是否是另一个类的子类，后者用于判断 obj 对象是否是 Class 类或 Class 子类的对象。

例 8.4　issubclass() 和 isinstance() 示例（接前一程序）。

```
>>>issubclass(Student, Person)
True
>>>isinstance(s, Person)
True
>>>isinstance(s, Student)
True
```

8.4.2　抽象基类

抽象基类（Abstract Base Class，ABC）是指类中定义了抽象方法的类，也叫抽象类。抽象方法指的是只有方法的定义，但没有方法的实现。抽象类不能被实例化，只能被继承，而且子类必须实现抽象方法。

例 8.5　定义抽象类及其继承。

```
import abc
class Animal(metaclass = abc.ABCMeta):
    @abc.abstractmethod
    def walk(self):
        pass

class Person(Animal):
    def walk(self):
        print('两条腿走路')

class Dog(Animal):
    def walk(self):
        print('四条腿走路')
```

Python 中要使用抽象类首先要引用 abc 库：import abc ;

其次，要在抽象类的定义处指定 metaclass = abc.ABCMeta，表示这是一个抽象类；最后，在抽象方法前添加 @abc.abstractmethod，表示这是一个抽象方法。

接下来，增加代码尝试实例化一个抽象类。

```
a = Animal()
```

运行报错，报错信息提示无法实例化一个拥有抽象方法的抽象类。

```
TypeError: Can't instantiate abstract class Animal with abstract method walk
```

再增加一个继承自 Animal 抽象类的 Snake 类，但在 Snake 类中不要实现 walk() 方法，并尝试新建 Snake 实例并调用 walk() 方法。

```
class Snake(Animal):
    pass
s = Snake()
s.walk()
```

运行报错，报错信息提示无法实例化 Snake 类，因为这个类是一个有抽象方法的抽象类。也就是子类必须实现抽象类的抽象方法才能实例化，否则子类仍然是一个抽象类。

```
TypeError: Can't instantiate abstract class Snake with abstract method walk
```

修改 Snake 类的定义，然后依次实例化 Person 类、Dog 类、Snake 类，并调用各自的 walk() 方法。修改后的完整代码如下：

```
import abc
class Animal(metaclass = abc.ABCMeta):
    @abc.abstractmethod
    def walk(self):
        pass
class Person(Animal):
    def walk(self):
        print('两条腿走路')
class Dog(Animal):
    def walk(self):
        print('四条腿走路')
class Snake(Animal):
    def walk(self):
        print('用肚子走路')
p = Person()
d = Dog()
s = Snake()
p.walk()
d.walk()
s.walk()
```

运行结果：

```
两条腿走路
四条腿走路
用肚子走路
```

使用抽象类，可以硬性限制子类必须实现基类的方法。

8.5 多 态

多态则是指不同种类的对象都具有名称相同的行为，而具体行为的实现方式却有所不同，每个对象在接收到相同的消息之后，按照自己的方式来响应消息。

8.5.1 典型的多态结构

多态往往需要和继承机制关联使用。例如，在一个游戏程序中定义了攻击手作为基类，定义了"攻击"这个方法。攻击手类派生出了弓箭手类和刀斧手类，这样弓箭手类和刀斧手类就都有了名为"攻击"的方法，但是两者的实现方式不同，前者是通过射箭实现攻击，后者则是通过劈砍实现攻击。下面就来实现这个例子。

程序代码：

```python
class Attacter:
    def attact(self):
        pass
class Archer(Attacter):
    def attact(self):
        print('射箭攻击')
class Swordsman(Attacter):
    def attact(self):
        print('劈砍攻击')
a = Archer()
s = Swordsman()
def func(obj):
    obj.attact()
func(a)
func(s)
```

运行结果：

```
射箭攻击
劈砍攻击
```

使用多态性可经增加了程序的灵活性，以不变应万变，不论对象千变万化，使用
者都是同一种形式去调用，如 func(obj)，但实现的方法是不同的。也增加了程序可扩展
性，再次如果再增加一个法师类，攻击方法是法术攻击，也可以继承攻击手类，还是用
func(obj) 去调用来实现法术攻击。增加的代码如下：

```
class Mage(Attacter):
    def attact(self):
        print('法术攻击')
m = Mage()
func(m)
```

　　运行结果：

```
射箭攻击
劈砍攻击
法术攻击
```

　　也可以把基类 Attacter 定义为抽象类，把 attack() 方法定义为抽象方法，这样就要以
强制子类必须实现 attack() 方法。修改后的完整代码如下：

```
import abc
class Attacter(metaclass = abc.ABCMeta):
    @abc.abstractmethod
    def attact(self):
        pass
class Archer(Attacter):
    def attact(self):
        print('射箭攻击')
class Swordsman(Attacter):
    def attact(self):
        print('劈砍攻击')
class Mage(Attacter):
    def attact(self):
        print('法术攻击')
a = Archer()
s = Swordsman()
m = Mage()
def func(obj):
    obj.attact()
func(a)
func(s)
func(m)
```

　　还可以把建立对象和调用方法的代码修改一下，使用列表和 for 循环来依次调用

attact() 方法。修改后的代码如下：

```python
import abc
class Attacter(metaclass = abc.ABCMeta):
    @abc.abstractmethod
    def attact(self):
        pass
class Archer(Attacter):
    def attact(self):
        print('射箭攻击')
class Swordsman(Attacter):
    def attact(self):
        print('劈砍攻击')
class Mage(Attacter):
    def attact(self):
        print('法术攻击')
attacter_list = [Archer, Swordsman, Mage]
for attacter in attacter_list:
    attacter().attact()
```

运行结果不变。

再把 8.4 节的例子修改成用多态来实现，代码如下：

```python
import abc
class Animal(metaclass = abc.ABCMeta):
    @abc.abstractmethod
    def walk(self):
        pass
class Person(Animal):
    def walk(self):
        print('两条腿走路')
class Dog(Animal):
    def walk(self):
        print('四条腿走路')
class Snake(Animal):
    def walk(self):
        print('用肚子走路')
animals = [Person, Dog, Snake]
for animal in animals:
    animal().walk()
```

运行结果：

```
两条腿走路
四条腿走路
```

用肚子走路

8.5.2　鸭子类型

之前讲的多态的实现是利用了继承这一特性，这也是像 C++、Java 等强类型的语言实现多态的典型方法。但 Python 作为一种弱类型的语言，其实更崇尚的是"鸭子类型"。

关于鸭子类型的常见说法是："当你看到一只鸟看起来像鸭子，走路像鸭子，叫声像鸭子，那它就是鸭子。"在鸭子类型中，关注点在于对象的行为能做什么，而不是关注对象所属的类型。例如，在不使用鸭子类型的强类型语言中，如果编写一个函数，接受一个类型为"鸭子"的对象，并调用它的"走"和"叫"方法，那么函数首先要检查接受的对象是不是"鸭子"类型，如果不是就会报错。而在使用鸭子类型的语言中，函数可以接受一个任意类型的对象，然后尝试调用它的"走"和"叫"方法。如果这些需要被调用的方法不存在，那么将引发一个运行时错误。只要某个对象拥有"走"和"叫"方法，就可以被函数接受。

在鸭子类型的机制下，实现多态就不需要使用继承了。修改 8.5.1 的例子如下：

```python
class Person():
    def walk(self):
        print('两条腿走路')
class Dog():
    def walk(self):
        print('四条腿走路')
class Snake():
    def walk(self):
        print('用肚子走路')
def fun(obj):
    obj.walk()
animals = [Person, Dog, Snake]
for animal in animals:
    fun(animal())
```

运行结果：

```
两条腿走路
四条腿走路
用肚子走路
```

去掉了基类 Animal 之后，只要对象拥有 walk() 方法，就可以将其加入 animals 列表。我们可以新建一个汽车 Car 类，只要 Car 类拥有 walk() 方法，就可以统一调用。代码如下：

```python
class Person():
```

```
    def walk(self):
        print('两条腿走路')
class Dog():
    def walk(self):
        print('四条腿走路')
class Snake():
    def walk(self):
        print('用肚子走路')
class Car():
    def walk(self):
        print('用轮子走路')
def fun(obj):
    obj.walk()
animals = [Person, Dog, Snake, Car]
for animal in animals:
    fun(animal())
```

运行结果：

```
两条腿走路
四条腿走路
用肚子走路
用轮子走路
```

汽车不是动物，但只要汽车拥有走路方法，就可以当成动物。使用鸭子类型需要良好的文档说明和清晰的代码，否则会引起理解上的混乱。使用继承机制实现的多态比较严谨，而使用鸭子类型则比较灵活。

▌ 小　　结

本章介绍了面向对象的基本概念。讲解了使用 Python 语言进行面向对象程序设计的方法，如类和对象的使用，封装、继承、多态的基本原理，以及如何用 Python 语言的实现这些特性。

▌ 练习与思考

1. 面向对象程序设计的理念是什么？有哪些特征？

2. 定义一个图形（Shape）类，有一个求面积的方法 GetArea()。定义一个圆形（Circle）类和一个方形（Rectangle）类，均继承图形（Shape）类。编写计算面积的方法并验证。

3. 定义一个 Animal 类，有一个叫（shout）方法。定义一个猫（Cat）类、一个狗（Dog）

类和一个鸭子（Duck）类，均继承自 Animal 类。重写 3 个派生类的 shout 方法，猫是"喵喵叫"，狗是"旺旺叫"，鸭子是"嘎嘎叫"。调用 shout 方法时通过同一方法来调用，体现多态机制。

4. 将第 3 题修改为使用鸭子类型实现。

第9章
科学计算 numpy 库

在科学研究和工程技术中，经常会遇到大量复杂的数值计算。科学计算就是利用计算机处理科学研究和工程技术中遇到的数值计算问题。numpy 库是使用 Python 语言进行科学计算的一个常用第三方库，也是其他一些科学计算、数据分析第三方库的基础。

科学计算是在科学和工程领域利用计算机来解决数据问题进行的计算。科学计算与传统计算的一个显著区别是科学计算以矩阵运算为基础，能够表达复杂的数据运算逻辑，在统计、物理学、计算机图像等领域广泛运用了科学计算。

numpy 是 Python 语言的一个扩展程序库，支持多维数组与矩阵运算，针对多维数组运算提供了大量的数学函数。目前，numpy 库已经成为了科学计算事实上的标准库。

在操作系统命令行执行 pip install numpy 即可安装 numpy 库。引用时一般使用如下语句：

```
import numpy as np
```

9.1 ndarray 对象

numpy 库提供了一个核心的 n 维数组对象 ndarray，用于存放一系列同类型的数据。在学习 ndarray 之前，先要介绍几个基本概念。

数组的维数称为秩（rank），一维数组的秩为 1，二维数组的秩为 2。ndarray.ndim 属性用于获取数组的秩。

每一个一维数组被称为是一个轴（axis），比如一个二维数组可以理解为有两个一维数组，一个一维数组里的元素又是一个一维数组，那么这两个一维数组就是两个轴。

数组的形状（shape）表示数组各维度的大小的元组，例如一个二维数组构成的矩阵，形状就是行和列构成的元组。ndarray.shape 属性用于获取数组的形状。

数组的大小（size）指数组中元素的总个数。ndarray.size 属性用于获取数组的大小。

数组的类型（dtype）指数组中元素的类型。ndarray.dtype 属性用于获取数组的类型。

数组的元素大小（itemsize）指数组中元素的大小，以字节为单位。ndarray.itemszie 属性用于获取数组中元素的大小。

例 9.1　数组的基本概念示例。

```
>>>import numpy as np
>>>a = np.array([[1, 2, 3], [4, 5, 6]])
>>>a.ndim
2
>>>a.shape
(2, 3)
>>>a.size
6
>>>a.dtype
dtype('int32')
>>>a.itemsize
4
```

上述代码创建了一个有 6 个元素的二维数组，形状可视为 2 行 3 列的矩阵，a.shape 返回"(2, 3)"的元组。

9.2　创 建 数 组

创建数组最直接的方式就是调用 numpy.array() 函数，前面已经使用过这种方式。下面再介绍一些其他的方式。

9.2.1　numpy.empty() 等方法

numpy.empty() 方法创建一个指定形状和数据类型，但未初始化的数组。numpy.zeros() 方法创建一个指定形状和数据类型，元素以 0 来填充的数组。numpy.ones() 方法创建一个指定形状和数据类型，元素以 1 来填充的数组。numpy.full() 方法创建一个指定形状和数据类型，元素以指定数据来填充的数组。

例 9.2　创建数组的示例。

```
>>>import numpy as np
>>>np.empty((3, 2), dtype = int)
array([[          1,           0],
       [-1602277280,       32762],
       [-1602398848,       32762]])
>>>np.zeros((3, 2))
array([[0., 0.],
       [0., 0.],
       [0., 0.]])
>>>np.ones((3, 2))
array([[1., 1.],
       [1., 1.],
       [1., 1.]])
>>>np.full((3, 2), 8)
array([[8, 8],
       [8, 8],
       [8, 8]])
```

注意，使用 empty() 创建的数组由于未指定初始化数据，产生的数值是不可预知的。

9.2.2　numpy.eye() 方法

numpy.eye() 方法创建指定行数和列数的单位矩阵，语法格式如下：

```
numpy.eye(R, C, k, dtype)
```

R 代表行数；C 代表列数，如果省略，表示行数和列数相同；k 指定数值为 1 的对角线的偏移量，正数向右偏移，负数向左偏移；dtype 指定元素的数据类型，默认为 float。

例 numpy.eye() 方法示例。

```
>>>import numpy as np
>>>np.eye(5)
array([[1., 0., 0., 0., 0.],
       [0., 1., 0., 0., 0.],
       [0., 0., 1., 0., 0.],
       [0., 0., 0., 1., 0.],
       [0., 0., 0., 0., 1.]])
>>>np.eye(5, 4)
array([[1., 0., 0., 0.],
       [0., 1., 0., 0.],
       [0., 0., 1., 0.],
```

```
       [0., 0., 0., 1.],
       [0., 0., 0., 0.]])
>>>np.eye(5, 4, 1)
array([[0., 1., 0., 0.],
       [0., 0., 1., 0.],
       [0., 0., 0., 1.],
       [0., 0., 0., 0.],
       [0., 0., 0., 0.]])
>>>np.eye(5, 4, -1)
array([[0., 0., 0., 0.],
       [1., 0., 0., 0.],
       [0., 1., 0., 0.],
       [0., 0., 1., 0.],
       [0., 0., 0., 1.]])
```

9.2.3　从数值范围创建数组

利用 numpy.arange() 方法可以创建一定数值范围内的数组，语法格式如下：

```
numpy.arange(start, stop, step, dtype)
```

start 为起始值，默认为 0；stop 为终止值（不包含 stop 本身）；step 为步长，默认为 1；dtype 指定元素的数据类型，如果省略，则从其他参数推断数据类型。

例 9.3　numpy.arange() 方法示例。

```
>>>import numpy as np
>>>np.arange(5)
array([0, 1, 2, 3, 4])
>>>np.arange(1, 5)
array([1, 2, 3, 4])
>>>np.arange(1, 5, 2)
array([1, 3])
>>>np.arange(1, 5, 0.5)
array([1. , 1.5, 2. , 2.5, 3. , 3.5, 4. , 4.5])
```

numpy.linspace() 方法用于创建一个等差数列一维数组，语法格式如下：

```
numpy.linspace(start, stop, num=50, endpoint=True, retstep=False,
dtype=None)
```

其中，start 和 stop 分别是数列的起始值；num 指定数列中数值的个数，默认为 50；endpoint 为 True 时，数据包含 stop 的值，反之不包含，默认为 True；retstep 为 True 时，除了返回数列，还会返回等差数列的公差。

例 9.4　利用 numpy.linspace() 方法创建等差数列数组示例。

```
>>>import numpy as np
>>>np.linspace(1, 5, num = 5)
array([1., 2., 3., 4., 5.])
>>>np.linspace(1, 5, num = 5, retstep = True)
(array([1., 2., 3., 4., 5.]), 1.0)
>>>np.linspace(1, 5, num = 5, endpoint = False, retstep = True)
(array([1. , 1.8, 2.6, 3.4, 4.2]), 0.8)
```

numpy.arange() 方法和 numpy.linspace() 都可以创建等差数列，但前者在用于浮点数的时候可能会导致精度损失，使得结果不符合期望。例如：

```
>>>np.arange(1, 5.2, 0.6)
array([1. , 1.6, 2.2, 2.8, 3.4, 4. , 4.6, 5.2])
```

按照语法，生成的序列元素应该小于 5.2，不应该包含 5.2。

为了避免这种情况的出现，在生成浮点数序列的时候首选 numpy.linspace() 方法。

9.3　切片和索引

ndarray 对象的内容可以通过索引或切片来访问，与 Python 语言中序列的切片和索引类似。

ndarray 数组可以基于 0 开始的下标进行索引，切片对象可以通过内置的 slice 函数，设置 start、stop 及 step 参数从原数组中切割出一个新数组。也可以不使用 slice 函数，直接通过冒号分隔切片参数 start: stop: step 来进行切片操作。

例 9.5　ndarray 对象的切片和索引示例。

```
>>>a = np.arange(10)
>>>a
array([0, 1, 2, 3, 4, 5, 6, 7, 8, 9])
>>>s = slice(2, 7, 2)
>>>a[s]
array([2, 4, 6])
>>>a[2:7:2]
array([2, 4, 6])
>>>a[2]
2
>>>a[2:]
array([2, 3, 4, 5, 6, 7, 8, 9])
>>>a[2:7]
array([2, 3, 4, 5, 6])
```

与序列的切片方法一样，[n:] 表示索引 n 之后所有的项都被提取。

9.4 数组的基本操作

使用 numpy 对象进行的数组操作一个最大的好处就是可以对数组进行整体运算，直接支持加、减、乘、除等运算。

例 9.6 数组的运算示例。

```
>>>import numpy as np
>>>a = np.array([1,2,3,4])
>>>b = np.array([10,20,30,40])
>>>a + b
array([11, 22, 33, 44])
>>>a - b
array([ -9, -18, -27, -36])
>>>a * b
array([ 10,  40,  90, 160])
>>>a / b
array([0.1, 0.1, 0.1, 0.1])
```

当运算中的两个数组形状不同时，将触发广播机制。

例 9.7 广播机制示例。

```
>>>a = np.array([[ 0, 0, 0],
                [10,10,10],
                [20,20,20],
                [30,30,30]])
>>>b = np.array([1,2,3])
>>>a + b
array([[ 1,  2,  3],
       [11, 12, 13],
       [21, 22, 23],
       [31, 32, 33]])
```

可以看到，一个 4 行 3 列的二维数组与长度为 3 的一维数组相加，等效于把二维数组的每一行都与数组 b 相加。

能够进行广播运算的前提是参加运算的数组对象在形状上是兼容的。下面看一个例子：

```
>>>a = np.array([[ 0, 0, 0],
                [10,10,10],
                [20,20,20],
                [30,30,30]])
>>>b = np.array([1, 2])
>>>a + b
Traceback (most recent call last):
```

```
File"<pyshell#71>", line 1, in <module>
    a + b
ValueError: operands could not be broadcast together with shapes (4,3) (2,)
```

可以看到,一个4行3列的二维数组与一个有2个元素的一维数组在形状上无法兼容,所以无法进行广播。

9.5 numpy 读写文件

numpy 可以将数组保存到文件和从文件中读取数组。具体有二进制文件和文本文件两种方式。

load() 和 save() 函数是读取和保存二进制文件,文件的扩展名为 .npy,这是 numpy 为保存数组到文件引入的一个文件格式。

numpy.save() 函数用于将数组保存为二进制文件,语法格式如下:

```
numpy. save(file, arr, allow_pickle=True, fix_imports=True)
```

参数 file 是要保存的包含文件路径的文件名,扩展名默认为 .npy,如果没有指定该扩展名,会自动加上去。参数 arr 是要保存的数组。参数 allow_pickle 和 fix_imports 是可选参数,这里不做更多介绍。

例 9.8 将数组保存为二进制文件。

```
import numpy as np
arr = np.array([1,2,3,4,5])
np.save('outfile.npy',arr)
```

运行程序,会在当前工作目录下生成一个 outfile.npy 文件。最后一行代码也可以省略扩展名,写成 np.save('outfile',arr),运行效果是一样的。

如果尝试用记事本打开 outfile.npy 文件,会发现内容是乱码,因为 npy 二进制文件无法以文本形式正常显示,只能使用 numpy.load() 函数来读取。

numpy.load() 函数的语法格式如下:

```
arr = numpy.load(file)
```

参数 file 指定要读取的文件名,返回值 arr 是读取到的数组。

例 9.9 从二进制文件中读取数组。

```
import numpy as np
arr = np.load('outfile.npy')
print(arr)
```

运行结果如下：

```
[1 2 3 4 5]
```

可以看到，numpy.load() 函数将之前保存到二进制文件的数组正常读取了出来。

之前介绍的 numpy.save() 函数是将一个数组保存到二进制文件中。如果想一次保存多个数组，可以使用 numpy.savez() 函数。numpy.savez() 函数的格式如下：

```
numpy.savez(file, *args, **kwds)
```

参数 file 是要保存的带文件路径的文件名。args 是要保存的多个数组。kwds 参数可以将要保存的数组起名字，如果省略，则系统会为传递的数组自动起名为 arr_0、arr_1、…

例 9.10 保存多个数组二进制文件并读取。

```
import numpy as np
a = np.array([[1,2,3],[4,5,6]])
b = np.arange(0, 1.0, 0.1)
np.savez('outfile1.npz', a, b)
r = np.load('outfile1.npz')
print(r.files)
print(r['arr_0'])
print(r['arr_1'])
```

运行结果：

```
['arr_0', 'arr_1']
[[1 2 3]
 [4 5 6]]
[0.  0.1 0.2 0.3 0.4 0.5 0.6 0.7 0.8 0.9]
```

这里用 r.files 属性获取所有的数组名称。可以看到，在没有指定数组名称时，系统自动为数组起了名称。

将保存为二进制文件的语句修改如下：

```
np.savez('outfile1.npz', x = a, y = b)
```

运行程序，print(r.files) 语句的返回结果为 ['x', 'y']，表示之前的保存语句将两个数组起名为 x 和 y。print(r['arr_0']) 和 print(r['arr_1']) 语句报错，提示文件中没有 arr_0 和 arr_1。将该两个语句修改如下：

```
print(r['x'])
print(r['y'])
```

运行结果：

```
['x', 'y']
[[1 2 3]
```

```
 [4 5 6]]
[0.  0.1 0.2 0.3 0.4 0.5 0.6 0.7 0.8 0.9]
```

另一种写入文件的方式是文本方式，用这种方式生成的文件是可以用记事本等程序打开看的。对应的写入和读取函数分别是 numpy.savetxt() 和 numpy.loadtxt()。numpy.savetxt() 函数的格式如下：

```
np.savetxt(file, arr, fmt)
```

参数 file 是要保存的带文件路径的文件名；arr 是要保存的数组；fmt 参数指定保存的格式，可选参数。

例 9.11　保存数组为文本文件。

```
import numpy as np
a = np.array([1,2,3,4,5])
np.savetxt('outfile.txt',a, fmt='%d')
```

程序运行后，使用记事本打开 outfile.txt 文件，如图 9-1 所示。

图 9-1　查看保存数组的文本文件

numpy.loadtxt() 函数的语法格式如下：

```
arr = np.loadtxt(file, dtype)
```

参数 file 指定要读取的文件名；dtype 参数指定返回数组元素的格式，可选参数，默认为 float。

例 9.12　保存数组到文本文件并读取。

```
import numpy as np
a = np.array([1,2,3,4,5])
np.savetxt('outfile.txt',a, fmt='%d')
b = np.loadtxt('outfile.txt', dtype=int)
print(b)
```

运行结果：

```
[1 2 3 4 5]
```

9.6 numpy 统计函数

numpy 提供了一系列的统计函数，可以统计数组的最大值、最小值、平均值、标准差、方差等。

numpy.amax() 和 numpy.amin() 用于计算数组中元素沿轴的最大值或最小值。对于一维数组，可以很容易地找到最大或最小值，对于多维数组，既可以找到所有元素的最大或最小值，也可以找到每一行和每一列的最大或最小值。

例 9.13 查找一维数组的最大值和最小值。

```
import numpy as np
arr = np.array([40, 24, 14, 63, 121, 4, 64])
print("Maximum value of the given array is:", np.amax(arr))
print("Minimum value of the given array is:", np.amin(arr))
```

运行结果：

```
Maximum value of the given array is:  121
Minimum value of the given array is:  4
```

例 9.14 查找二维数组的最大值和最小值。

```
import numpy as np
arr = np.array([(14, 29, 34), (41, 55, 46), (1, 38, 29), (5, 57, 52)])
print("The array is:")
print(arr)
print("Shape of the array is:", np.shape(arr))
print("Maximum value of the whole array is:", np.amax(arr))
a = np.amax(arr, axis=1)
print("Maximum value of each row of the array is:", a)
b = np.amax(arr, axis=0)
print("Maximum value of each column of the array is:", b)
print("Minimum value of the whole array is: ", np.amin(arr))
a = np.amin(arr, axis=1)
print("Minimum value of each row of the array is:", a)
b = np.amin(arr, axis=0)
print("Minimum value of each column of the array is:", b)
```

运行结果：

```
The array is:
[[14 29 34]
 [41 55 46]
 [ 1 38 29]
```

```
   [ 5 57 52]]
Shape of the array is:  (4, 3)
Maximum value of the whole array is:  57
Maximum value of each row of the array is:  [34 55 38 57]
Maximum value of each column of the array is:  [41 57 52]
Minimum value of the whole array is:  1
Minimum value of each row of the array is:  [14 41  1  5]
Minimum value of each column of the array is:  [ 1 29 29]
```

该程序建立了一个 4 行 3 列的二维数组。如果 numpy.amax() 和 numpy.amin() 只接收数组 arr 一个参数，则返回整个数组的最大值或最小值，相当于把二维数组展平成一维数组再获取值。语句 a = np.amax(arr, axis=1) 除了传递数组，还传递 axis 参数，语句 a 表示取每一行的最大值，返回一个包含每行最大值的一维数组。语句 b = np.amax(arr, axis=0) 表示取每一列的最大值，返回一个包含每列最大值的一维数组。获取最小值的方法和获取最大值的方法是类似的。

numpy.ptp() 函数计算数组中元素最大值与最小值的差，使用方法和 numpy.amax() 类似，可以计算数组中所有元素，也可以计算每一行或每一列最大值与最小值的差。

例 numpy.ptp() 函数的使用。

```python
import numpy as np
a = np.array([(14, 29, 34), (41, 55, 46), (1, 38, 29), (5, 57, 52)])
print (' 数组是:')
print (a)
print (' 调用 ptp() 函数:')
print (np.ptp(a))
print (' 按行计算:')
print (np.ptp(a, axis =  1))
print (' 按列计算:')
print (np.ptp(a, axis =  0))
```

运行结果：

```
数组是:
[[14 29 34]
 [41 55 46]
 [ 1 38 29]
 [ 5 57 52]]
调用 ptp() 函数:
56
按行计算:
[20 14 37 52]
```

```
按列计算：
[40 28 23]
```

numpy.mean() 函数返回数组中元素的算术平均值。既可以全部元素一起计算，也可以按行或按列计算。

例 9.15　求数组中元素的算术平均值。

```
import numpy as np
a = np.array([(14, 29, 34), (41, 55, 46), (1, 38, 29), (5, 57, 52)])
print (' 数组是:')
print (a)
print (' 全部元素的平均值:')
print (np.mean(a))
print (' 每一列的平均值:')
print (np.mean(a, axis =  0))
print (' 每一行的平均值:')
print (np.mean(a, axis =  1))
```

运行结果：

```
数组是：
[[14 29 34]
 [41 55 46]
 [ 1 38 29]
 [ 5 57 52]]
全部元素的平均值：
33.416666666666664
每一列的平均值：
[15.25 44.75 40.25]
每一行的平均值：
[25.66666667 47.33333333 22.66666667 38.          ]
```

numpy.average() 函数可以计算数组中元素的加权平均值，权重可以由另一个数组来指定。该函数也可以接受一个轴参数，指定每一行或每一列的加权平均值。

加权平均值即将各数值乘以相应的权数，然后加总求和得到总体值，再除以总的单位数。

例如，一个一维数组 [1,2,3,4]，权重数组为 [4,3,2,1]，则通过将相应元素的乘积相加，并将和除以权重的和，来计算加权平均值：

加权平均值 = (1◊4+2◊3+3◊2+4◊1)/(4+3+2+1)

例 9.16　计算一维数组的加权平均值。

```
import numpy as np
```

```
a = np.array([1,2,3,4])
print (' 数组是:')
print (a)
print (' 调用 average() 函数:')
print (np.average(a))
w = np.array([4,3,2,1])
print (' 指定权重调用 average() 函数:')
print (np.average(a,weights = w))
```

运行结果:

```
数组是:
[1 2 3 4]
调用 average() 函数:
2.5
指定权重调用 average() 函数:
2.0
```

如果不指定权重，numpy.average() 函数和 numpy.mean() 函数返回结果一致。

例 9.17 计算二维数组的加权平均值。

```
import numpy as np
a = np.array([(14, 29, 34), (41, 55, 46), (1, 38, 29), (5, 57, 52)])
print (' 数组是:')
print (a)
w1 = np.array([1, 2, 3])
w2 = np.array([1, 2, 3, 4])
print (' 每一列的加权平均值:')
print (np.average(a, axis = 0, weights = w2))
print (' 每一行的加权平均值:')
print (np.average(a, axis = 1, weights = w1))
```

运行结果:

```
数组是:
[[14 29 34]
 [41 55 46]
 [ 1 38 29]
 [ 5 57 52]]
每一列的加权平均值:
[11.9 48.1 42.1]
每一行的加权平均值:
[29.        48.16666667 27.33333333 45.83333333]
```

小　结

numpy 库提供了针对三角运算、线性代数、数值统计、概率分布等丰富完备的数学功能。numpy 库的广泛应用与其完备的运算体系密切相关。读者在使用相关的函数时可以到官方网站查询帮助文档。

练习与思考

查阅 numpy 库提供的标准差和方差功能函数，实现计算数组的标准差和方差。

第10章
数据分析 pandas 库

pandas 库是 Python 语言的一个扩展程序库，提供高性能、易使用的数据分析工具，广泛应用在金融、统计等数据分析领域。pandas 这个名称来自面板数据（panel data）和数据分析（data analysis），面板数据可以简单理解为多维数据表，这也看出来 pandas 库的主要应用方向是针对多维数据集进行分析处理。

在操作系统命令行执行 pip install pandas 即可安装 pandas 库。引用时一般使用如下语句：

```
import pandas as pd
```

可以通过 pd.__version__ 查看 pandas 的版本。

Pandas 的主要数据结构是 Series（一维数据）与 DataFrame（二维数据），这两种数据结构足以处理金融、统计、工程等领域的大多数典型用例。

10.1 Series 对象

Series 对象是带索引的一维数组，是一种类字典的结构，由一组数据及对应索引构成。

创建 Series 对象最简单的方式就是用一个列表来创建，此时会自动生成从 0 开始的整数索引。也可以用 index 参数来指定索引值列表。创建完成后，就可以利用索引访问相应的数据了。这里的索引既可以是创建时 index 参数指定的索引，也可以用数字索引。索引访问支持切片访问多条数据，并且不仅支持数字索引的切片，也支持非数字索引的切片。

例 10.1　创建 Series 对象示例。

```
>>>import pandas as pd
>>>a = ['Alibaba', 'Tencent', 'Meituan']
>>>s1 = pd.Series(a)
>>>s1
0    Alibaba
1    Tencent
2    Meituan
dtype: object
>>>i1 = ['a', 't', 'm']
>>>s2 = pd.Series(a, index = i1)
>>>s2
a    Alibaba
t    Tencent
m    Meituan
dtype: object
>>>s1[1]
'Tencent'
>>>s2['m']
'Meituan'
>>>s2[1:]
t    Tencent
m    Meituan
dtype: object
>>>s2[:1]
a    Alibaba
dtype: object
>>>s2['t':]
t    Tencent
m    Meituan
dtype: object
```

还可以利用字典来创建 Series 对象，字典的键和值对应到 Series 对象的索引和数据。在利用字典创建 Series 对象时，可以利用 index 参数来指定字典中的部分条目生成 Series 对象，而不选取整个字典的条目。如果指定的索引在字典中不存在时，使用 NaN（空对象）作为数据。

例 10.2　利用字典创建 Series 对象示例。

```
>>>a = {'a':'Alibaba', 't':'Tencent', 'm':'Meituan'}
>>>s = pd.Series(a)
```

```
>>>s
a    Alibaba
t    Tencent
m    Meituan
dtype: object
>>>s1 = pd.Series(a, index=['a', 'm'])
>>>s1
a    Alibaba
m    Meituan
dtype: object
>>>s2 = pd.Series(a, index=['a', 't', 'b'])
>>>s2
a    Alibaba
t    Tencent
b        NaN
dtype: object
```

10.2 DataFrame 对象

DataFrame 对象是一个表格型的数据结构。DataFrame 的每一行都有一个行索引
（index），每一列也有一个列索引（columns）。

10.2.1 创建 DataFrame 对象

创建 DataFrame 对象有多种方法，符合条件的多种类型的数据都可以用于创建
DataFrame 对象，如列表、ndarray 对象、Series 对象、字典等。

如果是使用二维列表创建 DataFrame 对象，二维列表的行对应 DataFrame 对象的行；
如果使用 ndarray 对象列表，一个 ndarray 对象就对应 DataFrame 对象的一行。示例程序
如下：

```
>>>import pandas as pd
>>>data = [['张三', 23, '男'], ['李四', 27, '女'], ['王二', 26, '女']]
>>>df1 = pd.DataFrame(data)
>>>df1
    0   1  2
0  张三  23  男
1  李四  27  女
2  王二  26  女
```

```
>>>df2 = pd.DataFrame(data, columns=['姓名', '年龄', '性别'], index=['a',
'b', 'c'])
>>>df2
    姓名  年龄 性别
a  张三   23  男
b  李四   27  女
c  王二   26  女
>>>import numpy as np
>>>data = [
    np.array(('张三', 23, '男')),
    np.array(('李四', 27, '女')),
    np.array(('王二', 26, '女'))
]
>>>df3 = pd.DataFrame(data, columns=['姓名', '年龄', '性别'])
>>>df3
    姓名  年龄 性别
0  张三   23  男
1  李四   27  女
2  王二   26  女
```

可以看到，创建 DataFrame 对象时如果没有指定行索引和列索引，系统会默认使用从 0 开始的整数作为索引。

使用字典创建 DataFrame 对象时，字典条目的键作为 DataFrame 对象的列索引，字典条目的值通常是一个序列，对应 DataFrame 对象的一列。示例程序如下：

```
>>>import pandas as pd
>>>data1 = {
    '姓名': ['张三', '李四', '王二'],
    '年龄': [23, 27, 26],
    '性别': ['男', '女', '女']
}
>>>df1 = pd.DataFrame(data)
>>>df1
    姓名  年龄 性别
0  张三   23  男
1  李四   27  女
2  王二   26  女
>>>data2 = {
    '姓名': pd.Series(['张三', '李四', '王二'], index=['a', 'b', 'c']),
    '年龄': pd.Series([23, 27, 26], index=['a', 'b', 'c']),
    '性别': pd.Series(['男', '女', '女'], index=['a', 'b', 'c'])
    }
```

```
>>>df2 = pd.DataFrame(data)
>>>df2
    姓名   年龄 性别
a   张三   23   男
b   李四   27   女
c   王二   26   女
```

10.2.2　DataFrame 对象的属性

DataFrame 对象的常用属性见表 10-1。

表 10-1　DataFrame 对象常用属性

属 性 名 称	描　　述
shape	返回对象的形状
values	以 numpy.ndarray 对象类型返回对象的所有数据
index	返回行索引
columns	返回列索引
dtypes	返回元素数据类型
size	返回元素的个数，这里的个数指元素的总个数，如一个 3 行 3 列对象，size 是 9

例 10.3　查看 DataFrame 对象常用属性。

```
>>>import pandas as pd
>>>data = {
    '姓名': ['张三', '李四', '王二'],
    '年龄': [23, 27, 26],
    '性别': ['男', '女', '女']
}
>>>df = pd.DataFrame(data)
>>>df
    姓名   年龄 性别
0   张三   23   男
1   李四   27   女
2   王二   26   女
>>>df.shape
(3, 3)
>>>df.values
array([['张三', 23, '男'],
       ['李四', 27, '女'],
       ['王二', 26, '女']], dtype=object)
>>>df.index
RangeIndex(start=0, stop=3, step=1)
>>>df.columns
```

```
Index(['姓名', '年龄', '性别'], dtype='object')
>>>df.dtypes
姓名      object
年龄      int64
性别      object
dtype: object
>>>df.size
9
```

10.2.3 DataFrame 对象的访问

DataFrame 对象支持索引和切片访问,根据访问区域的不同,常用的访问方式有按行、按列、按区域、按单个数据、条件筛选等。

1. 按行访问

按行访问的格式如下:

```
对象名 [ 开始行 : 结束行 ]
```

这里的开始行和结束行既可以是行索引,也可以是行编号(从 0 开始的按行编号)。

例 10.4 按行访问 DataFrame 对象示例。

```
>>>data = {
    '姓名': ['张三', '李四', '王二'],
    '年龄': [23, 27, 26],
    '性别': ['男', '女', '女']
}
>>>df = pd.DataFrame(data, index=['a', 'b', 'c'])
>>>df
   姓名   年龄  性别
a  张三   23   男
b  李四   27   女
c  王二   26   女
>>>df[0:1]
   姓名   年龄  性别
a  张三   23   男
>>>df[1:]
   姓名   年龄  性别
b  李四   27   女
c  王二   26   女
>>>df[:3]
   姓名   年龄  性别
a  张三   23   男
```

```
b  李四  27  女
c  王二  26  女
>>>df['a':'a']
    姓名  年龄  性别
a  张三  23  男
>>>df['a':]
    姓名  年龄  性别
a  张三  23  男
b  李四  27  女
c  王二  26  女
```

要注意两点：一是用这种方式访问行，中间的冒号是不能省略的，即使只访问一行，也不能写成 df[1] 或 df['b'] 的形式，这种形式是访问列时使用的。二是如果使用的是行索引，返回值包含结束行；如果使用的是行编号，返回值不包含结束行。

按行访问还有一种方式是使用 loc 和 iloc，使用 loc 的语法格式如下：

对象名 .loc[开始行索引 : 结束行索引]

返回值包含结束行。

使用 iloc 的语法格式如下：

对象名 .iloc[开始行编号 : 结束行编号]

返回值不包含结束行。

例 10.5　使用 loc 和 iloc 访问 DataFrame 对象的行。

```
>>>data = {
    '姓名': ['张三', '李四', '王二'],
    '年龄': [23, 27, 26],
    '性别': ['男', '女', '女']
}
>>>df = pd.DataFrame(data, index=['a', 'b', 'c'])
>>>df
    姓名  年龄  性别
a  张三  23  男
b  李四  27  女
c  王二  26  女
>>>df.loc['a':'b']
    姓名  年龄  性别
a  张三  23  男
b  李四  27  女
>>>df.loc['a']
姓名    张三
年龄    23
```

```
性别     男
Name: a, dtype: object
>>>df.iloc[0:1]
    姓名  年龄 性别
a  张三   23  男
>>>d = df.iloc[1]
>>>d
姓名      李四
年龄      27
性别      女
Name: b, dtype: object
>>>type(d)
<class 'pandas.core.series.Series'>
```

可以看到，使用 loc 和 iloc 访问行支持只用一个索引或编号访问一行的方式，即 df.loc['a'] 或 df.iloc[1] 的方式，并且返回值是一个 Series 对象。

2. 按列访问

按列访问的语法格式如下：

对象名 [[列索引 1, 列索引 2, ……]]

注意，对象名后的方括号是两层的。

如果只访问一列，也可以写成如下格式：

对象名 [列索引]

此时，方括号只有一层，并且返回值是一个 Series 对象。

注意，只能使用列索引，不能使用列编号。

例 10.6　按列访问 DataFrame 对象示例（仍然使用之前的 DataFrame 对象）。

```
>>>df[' 姓名 ']
a     张三
b     李四
c     王二
Name: 姓名 , dtype: object
>>>df[[' 姓名 ', ' 性别 ']]
    姓名  性别
a   张三   男
b   李四   女
c   王二   女
```

也可以使用 loc 和 iloc 来访问列，语法格式如下：

对象名 .loc[:, 开始列索引 : 结束列索引]（返回值包含结束列）
对象名 .iloc[:, 开始列编号 : 结束列编号]（返回值不包含结束列）

例 10.7　使用 loc 和 iloc 访问 DataFrame 对象的列。

```
>>>df.loc[:, '姓名':'性别']
    姓名   年龄  性别
a   张三   23   男
b   李四   27   女
c   王二   26   女
>>>df.iloc[:, 0:1]
    姓名
a   张三
b   李四
c   王二
```

3．按区域访问

按区域访问就是同时指定要访问的行和列，形成一个矩形区域。可以用 loc 和 iloc 实现按区域访问，语法格式如下：

```
对象名 .loc[ 开始行索引 : 结束行索引 , 开始列索引 : 结束列索引 ]
对象名 .iloc[ 开始行编号 : 结束行编号 , 开始列编号 : 结束列编号 ]
```

例 10.8　使用 loc 和 iloc 访问 DataFrame 对象的区域。

```
>>>df.loc['a':'b', '姓名':'年龄']
    姓名   年龄
a   张三   23
b   李四   27
>>>df.iloc[0:1, 1:2]
    年龄
a   23
```

在这里，冒号“:”表示的是从开始到结束包含中间区域的一个范围，也可以用逗号“,”来实现特定行或列的选择，但注意要用方括号括起来，否则会产生二义性，请读者自行试验。

4．访问单个数据

访问单个数据可以使用 at 和 iat，语法格式如下：

```
对象名 .at[ 行索引 , 列索引 ]
对象名 .iat[ 行编号 , 列编号 ]
```

例 10.9　访问 DataFrame 对象单个元素示例。

```
>>>df.at['b','姓名']
'李四'
>>>f = df.iat[2, 1]
>>>f
```

```
26
>>>type(f)
<class 'numpy.int64'>
```

可以看到，因为是精确访问某个元素，所以返回值的数据类型就是元素本身的数据
类型。

10.2.4　存储 DataFrame 对象

如果想把 DataFrame 对象中的数据长期保存以便后续使用，可以将 DataFrame
对象存储为本地文件。DataFrame 提供了 to_csv() 函数实现把数据保存为 csv 文件。
DataFrame.to_csv() 函数的语法格式如下：

```
DataFrame.to_csv(path_or_buf=None, sep=',', na_rep='', columns=None,
header=True, index=True, mode='w', encoding=None)
```

其中参数的含义见表 10-2。

表 10-2　DataFrame.to_csv() 函数的常用参数

参 数 名 称	含 义
path_or_buf	要保存的带文件路径的文件名
sep	字段之间的分隔符，默认为 ","
na_rep	如果有缺失值，使用 na_rep 填充，默认为 ""
columns	序列类型，表示要保存列的列名序列，保存时会按 columns 指定顺序保存
header	boolean 类型，表示保存的数据是否包含列名，默认为 True
index	boolean 类型，表示保存的数据是否包含行索引，默认为 True
mode	数据写入模式，默认为 "w"
encoding	存储文件的编码格式，Python3 默认为 "UTF-8"

例 10.10　将 DataFrame 对象存储为 csv 文件。

```
import pandas as pd
data = {
    '姓名': ['张三', '李四', '王二'],
    '年龄': [23, 27, 26],
    '性别': ['男', '女', '女']
}
df = pd.DataFrame(data, index=['a', 'b', 'c'])
df.to_csv('名单1.csv')
df.to_csv('名单2.csv',encoding='gbk')
df.to_csv('名单3.csv',columns=['姓名','性别'],index=False,encoding='gbk')
```

运行后，会在当前工作目录生成 "名单 1.csv"、"名单 2.csv" 和 "名单 3.csv"3 个文件。
用记事本打开 "名单 1.csv" 文件，内容如图 10-1 所示。

图 10-1　记事本打开"名单1.csv"文件

再用 Excel 打开"名单 1.csv"文件，内容如图 10-2 所示。

	A	B	C	D
1		濮撤悕	骞撴緞	鎬y埛
2	a	寮犱笁	23	鐢?
3	b	鏉庡洓	27	濂?
4	c	鐜嬩簩	26	濂?
5				

图 10-2　Excel 打开"名单1.csv"文件

可以看到里面的中文都是乱码，这是因为默认使用的是 UTF-8 编码。如果要显示正确的中文，保存时要将 encoding 参数指定为 gbk。用 Excel 打开"名单 2.csv"，内容如图 10-3 所示，可以看到中文也可以正常显示了。

	A	B	C	D
1		姓名	年龄	性别
2	a	张三	23	男
3	b	李四	27	女
4	c	王二	26	女
5				

图 10-3　Excel 打开"名单 2.csv"文件

在保存"名单 3.csv"文件的语句中，除了 encoding 参数，还使用了 columns 参数指定了保存的列，将 index 参数指定为 False，表示不保存行索引。使用 Excel 打开"名单 3.csv"，内容如图 10-4 所示。

	A	B	
1	姓名	性别	
2	张三	男	
3	李四	女	
4	王二	女	
5			

图 10-4　Excel 打开"名单 3.csv"文件

关于其他参数的使用方法，读者可以自行测试验证。除了表 10-2 列出来的参数，还有一些其他的参数，读者可以在需要时查阅官方帮助文档。

10.2.5　读取文件到 DataFrame 对象

与 DataFrame.to_csv() 函数相对应，Pandas 提供了 pandas.read_csv() 函数从 csv 文件中读取数据到 DataFrame 对象。pandas.read_csv() 函数的语法格式如下：

```
pandas.read_csv(filepath_or_buffer, sep=',', header='infer', names=None,
dtype=None, nrows=None, encoding=None)
```

其中参数的含义见表 10-3。

表 10-3　pandas.read_csv() 函数的常用参数

参 数 名 称	含 义
filepath_or_buffer	要保存的带文件路径的文件名
sep	字段之间的分隔符，默认为 ","
header	表示将某行数据作为列名（表头）。默认为 infer，表示自动识别
names	列表类型，表示要读取的列名
dtype	字典类型，代表写入的数据类型（列名为 key，数据格式为 values）
nrows	表示要从文件中读取的行数
encoding	读取文件的编码格式，Python3 默认为 "UTF-8"

例 10.11　读取 csv 文件到 DataFrame 对象。首先将上一小节生成的"名单 2.csv"用记事本打开略做修改，把第一列的列名增加"id"字样，内容如图 10-5 所示。

图 10-5　修改"名单 2.csv"文件内容

程序如下：

```
import pandas as pd
d1 = pd.read_csv('名单2.csv', encoding='gbk')
print(d1)
d2 = pd.read_csv('名单2.csv', header=0, encoding='gbk')
print(d2)
d3 = pd.read_csv('名单2.csv', names=['id','name','age','sex'], encoding='gbk')
print(d3)
d4 = pd.read_csv('名单2.csv', names=['id','name','age','sex'], header=0,
encoding='gbk')
print(d4)
```

```
d5 = pd.read_csv('名 单 2.csv', names=['id','name','age','sex'],
header=1, encoding='gbk')
print(d5)
```

运行结果：

```
   id  姓名  年龄  性别
0   a  张三  23   男
1   b  李四  27   女
2   c  王二  26   女
   id  姓名  年龄  性别
0   a  张三  23   男
1   b  李四  27   女
2   c  王二  26   女
   id name age sex
0  id  姓名  年龄   性别
1   a  张三  23    男
2   b  李四  27    女
3   c  王二  26    女
   id name age sex
0   a  张三  23    男
1   b  李四  27    女
2   c  王二  26    女
   id name age sex
0   b  李四  27    女
1   c  王二  26    女
```

这里面需要注意的是 header 和 names 参数的使用，可能存在 3 种情况：

1. 只有 header 参数，没有 names 参数。

```
d2 = pd.read_csv('名单2.csv', header=0, encoding='gbk')
```

header=0 表示将数据中的第一行作为表头，第二行开始作为正式的数据。

2. 只有 names 参数，没有 header 参数。

```
d3 = pd.read_csv('名单2.csv', names=['id','name','age','sex'], encoding='gbk')
```

这时会把所有内容都作为正式的数据，增加 names 参数的内容作为表头。

3. 既有 header 参数，也有 names 参数。

```
d4=pd.read_csv('名 单 2.csv',names=['id','name','age','sex'],header=0,
encoding='gbk')
```

header=0 表示将数据中的第一行作为表头，然后又用 names 参数的内容替换掉这个表头。

```
d5 = pd.read_csv('名单2.csv', names=['id','name','age','sex'], header=1,
encoding='gbk')
```

该语句进一步演示了 header 参数和 names 参数的联合使用。

小　　结

本章介绍了 Pandas 库的两个核心对象，分别是 Series 对象和 DataFrame 对象。尤其是 DataFrame 对象，在数据处理和分析领域应用得非常广泛，用法也非常灵活，需要读者在实践中逐步掌握。

练习与思考

1. 查阅对 Series 对象进行标量乘法、数据过滤、应用数学函数等方法，用数据进行上机测试。

2. 查阅对 DataFrame 对象进行数据过滤、排序、分组等方法，用数据进行上机测试。

第 11 章
二维绘图 matplotlib 库

matplotlib 库是一个用于绘制二维图形的 Python 库，可以实现数据的可视化。matplotlib 库提供了非常丰富的绘图类，其中的 pyplot 模块提供了比较方便的常用绘图功能，可以用简洁的代码实现绘图操作。本节主要介绍 pyplot 模块，更多内容请参考 matplotlib 官方网站。

在操作系统命令行输入 pip install matplotlib 就可以安装 matplotlib 库。

11.1 绘图的基本流程

pyplot 绘图都遵循一套基本流程，使用这个流程可以完成绝大部分的图形的绘制。pyplot 的绘图流程主要分为 4 个部分。本小节重点介绍绘图的基本流程，函数的使用细节可以先忽略，会在后面小节进一步讲解。

1. 导入模块

绘图之前，需要先导入 pyplot 模块，一般导入语句如下：

```
import matplotlib.pyplot as plt
```

2. 创建画布

在正式绘图之前，要创建一张空白的画布，同时可以对画布的大小、像素、颜色等进行设置。如果需要同时展示几个图形，还可以将画布分成多个部分，也就是划分子绘图区域。

```
# 创建画布，尺寸为 9×9，像素值为 80
```

```
pic = plt.figure(figsize=(9,9), dpi = 80)
# 把画布划分为 2 行 1 列两个子区域，并将当前绘图区域设定为第一个子区域。
ax1 = pic.add_subplot(2, 1, 1)
```

创建画布和划分子图是可以省略的，省略后会使用一个默认的画布，并且不划分子图，所有图形都绘制在一个绘图区域内。

3. 设置绘图基本元素

这一部分用于设置绘图所需的常用元素，如设置标题、坐标轴名称、坐标轴刻度等。常用的设置函数见表 11-1。

表 11-1　设置绘图元素函数

函 数 名 称	含　义
title	设置当前图形的标题，可以指定标题的名称、位置、颜色、字体大小等参数
xlabel	设置 x 轴的名称，可以指定位置、颜色、字体大小等参数
ylabel	设置 y 轴的名称，可以指定位置、颜色、字体大小等参数
xlim	设置 x 轴的取值范围
ylim	设置 y 轴的取值范围
xticks	设置 x 轴的刻度值
yticks	设置 y 轴的刻度值
text	在指定的坐标位置显示文本

设置绘图基本元素的代码如下：

```
plt.title('y=x^2 & y=x')
plt.xlabel('x')
plt.ylabel('y')
plt.xlim(0, 1)
plt.ylim(0, 1)
plt.xticks([0, 0.3, 0.6, 1])
plt.yticks([0, 0.5, 1])
plt.text(0.5, 0.5, 'y=x^2')
```

4. 绘制图形并展示

pyplot 模块中的绘图函数有很多，这里以最基本的 plot 函数为例。

```
import numpy as np
x = np.linspace(0,1,100)
y = x ** 2
plt.plot(x, y)
plt.legend(['y=x^2'])
plt.show()
```

经过这 4 个步骤，就完成了一个基本的绘图操作。运行效果如图 11-1 所示。

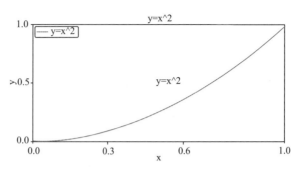

图 11-1　绘图的基本流程运行效果

11.2　pyplot.plot () 函数的使用

plot() 函数是 pyplot 模块中一个最基本的绘图函数，主要用于画线，其语法格式如下：

```
plot(x, y, s, linewidth)
```

其中，参数 x 和 y 构成了画线需要经过的点的坐标，x 是横坐标，y 是纵坐标。横坐标 x 是可以省略的，如果省略了 x，则把数据集 y 的索引作为横坐标。参数 s 是一个字符串，用于定义线的形态，如线的颜色，实线或虚线等。linewidth 指定线的宽度。

例 11.1　pyplot.plot() 函数的使用。

```
import numpy as np
x = np.linspace(0,1,100)
y = x ** 2
plt.plot(x, y)
```

横坐标 x 取值从 0 到 1 之间的 100 个元素的等差数列，纵坐标 y 的取值为 x 的平方。这里的 plot 函数省略了参数 s 和 linewidth，即使用默认的线型。默认情况下绘制的线是连续的，把所有坐标 (x, y) 代表的点进行直线连接，由于点的数量足够多，所以绘制出来的线看起来是平滑的曲线。

如果修改生成横坐标 x 的代码如下：

```
x = np.linspace(0, 1, 3)
```

这时生成的代表横坐标的数组 x 为 $[0, 0.5, 1]$，那么代表纵坐标的数组 y 则为 $[0, 0.25, 1]$，图形要经过的三个点的坐标分别为 $(0,0),(0.5,0.25),(1,1)$，这时绘制的图形如图 11-2 所示。

plot() 函数可以通过设置格式字符串控制线和点的颜色和风格，例如修改调用 plot() 函数的代码如下：

```
plt.plot(x, y, 'rd:')
```

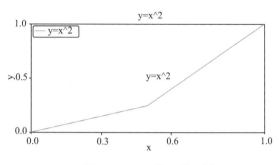

图 11-2　plot() 函数示例

这里的格式字符串为 'rd:'，3 个字符代表了 3 个方面的信息，第 1 个字符 'r' 代表了颜色是红色。常见的颜色都有对应的字符表示，如 'g' 代表绿色，'b' 代表蓝色，也可以用 '#FFFFFF' 的形式设置 RGB 颜色模型的方式指定颜色。第 2 个字符 'd' 代表了图形所经过的点的风格，如 'd' 代表菱形点，'o' 代表圆形实心点，'v' 代表倒三角形点，'h' 代表六边形点等，更多的点的风格可以通过 help(plt.plot) 命令查看帮助文件，如图 11-3 所示。

```
**Markers**

=============    ===============================
character        description
=============    ===============================
``','``          point marker
``','``          pixel marker
``'o'``          circle marker
``'v'``          triangle_down marker
``'^'``          triangle_up marker
``'<'``          triangle_left marker
``'>'``          triangle_right marker
``'1'``          tri_down marker
``'2'``          tri_up marker
``'3'``          tri_left marker
``'4'``          tri_right marker
``'8'``          octagon marker
``'s'``          square marker
``'p'``          pentagon marker
``'P'``          plus (filled) marker
``'*'``          star marker
``'h'``          hexagon1 marker
``'H'``          hexagon2 marker
``'+'``          plus marker
``'x'``          x marker
``'X'``          x (filled) marker
``'D'``          diamond marker
``'d'``          thin_diamond marker
``'|'``          vline marker
``'_'``          hline marker
=============    ===============================
```

图 11-3　点的风格设置字符

第 3 个字符 ':' 代表了线的风格，':' 代表虚线。更多的线的风格如图 11-4 所示，可以看到 '-' 代表实线，'__' 代表破折线，'-.' 代表点横线。

plt.plot(x, y,'rd:') 语句运行效果如图 11-5 所示。

```
**Line Styles**

=============    ===============================
character        description
=============    ===============================
``'-'``          solid line style
``'--'``         dashed line style
``'-.'``         dash-dot line style
``':'``          dotted line style
=============    ===============================
```

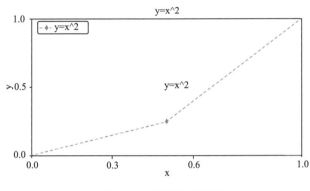

图 11-4　线的风格设置字符

图 11-5　点线的风格设置

plot() 函数支持一次性绘制多个图形，下面的代码绘制了 3 条不同风格和图形：

```
import matplotlib.pyplot as plt
import numpy as np
x = np.arange(10)
y1 = x
y2 = 2 * x
y3 = 3 * x
plt.plot(x, y1, 'ro-', x, y2, 'gv--', x, y3, 'bh-.')
plt.show()
```

运行效果如图 11-6 所示。

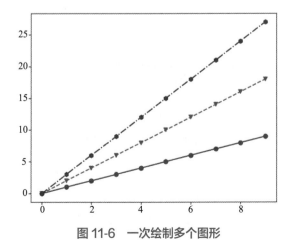

图 11-6　一次绘制多个图形

11.3　用 subplot() 函数设置子绘图区域

如果需要在一个绘图区域绘制多个相互分开不叠加的图形，就需要创建多个子绘图区域，然后在多个子绘图区域分别绘制图形。创建子绘图区域可以用 pyplot 模块的 subplot() 函数，其语法格式如下：

```
subplot(nrows, ncols, index)
```

前两个参数表示将绘图区域分割为 nrows 行、ncols 列，即 nrows × ncols 个子绘图区域。index 用于指定当前子绘图区域的索引号。子绘图区域的索引号从 1 开始，从左至右从上至下依次编号。

下面将上一小节例子中绘制的 3 个图形分别绘制到不同的子绘图区域。

```python
import matplotlib.pyplot as plt
import numpy as np
x = np.arange(10)
plt.subplot(2, 2, 1)
y1 = x
plt.plot(x, y1, 'ro-')
plt.subplot(2, 2, 2)
y2 = 2 * x
plt.plot(x, y2, 'gv--')
plt.subplot(2, 2, 3)
y3 = 3 * x
plt.plot(x, y3, 'bh-.')
plt.show()
```

subplot() 函数划分了 2 行 2 列共 4 个子绘图区域，分别把 3 个图形绘制到了前 3 个子绘图区域里，运行效果如图 11-7 所示。

除了利用 pyplot 模块的 subplot() 函数，还可以使用 figure 对象的 add_subplot() 函数也可以达到同样的效果，代码如下：

```python
x = np.arange(10)
fig = plt.figure()
fig.add_subplot(2, 2, 1)
y1 = x
plt.plot(x, y1, 'ro-')
fig.add_subplot(2, 2, 2)
y2 = 2 * x
plt.plot(x, y2, 'gv--')
fig.add_subplot(2, 2, 3)
```

```
y3 = 3 * x
plt.plot(x, y3, 'bh-.')
plt.show()
```

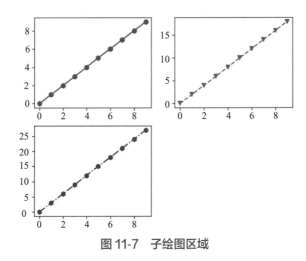

图 11-7　子绘图区域

11.4　图形参数 rcParams

pyplot 模块使用配置文件来定义图形的各种默认属性，称为 rc 参数或 rcParams。通过修改 rcParams 可以修改窗体大小、线条宽度、样式、坐标轴属性、文本字体等。

在 Matplotlib 库载入时会加载配置文件，并把得到的配置字典保存到 rcParams 中。通过修改 rcParams 可以修改图形的属性。本小节介绍修改线条、坐标轴、字体等几种常用的参数。

11.4.1　线条相关的 rc 参数

线条相关的 rc 参数见表 11-2。

表 11-2　线条相关的 rc 参数

参 数 名 称	含 义
lines.linewidth	线条宽度，取值范围 0-10，默认为 1.5
lines.linestyle	线条样式，可取 "-" "--" "-." ":" 四种，分别代表实线、破折线、点横线、虚线。默认为 "-" 实线。与图 9-4 所示的范围和含义是一致的
lines.marker	线条上点的形状。可取 "o" "D" "h" "." "," "S" 等 20 种，默认为 None。与图 9-3 所示的范围和含义是一致的
lines.markersize	点的大小，取值范围 0 ~ 10，默认为 1

例 11.2　线条相关的 rc 参数示例。

```python
import matplotlib.pyplot as plt
import numpy as np
x = np.arange(10)
fig = plt.figure()
fig.add_subplot(1, 2, 1)
y1 = x
plt.rcParams['lines.linestyle'] = '-.'
plt.rcParams['lines.linewidth'] = 2
plt.rcParams['lines.marker'] = 'o'
plt.plot(x, y1)
fig.add_subplot(1, 2, 2)
y2 = 2 * x
plt.rcParams['lines.linestyle'] = '--'
plt.rcParams['lines.linewidth'] = 1
plt.rcParams['lines.marker'] = 'D'
plt.plot(x, y2)
plt.show()
```

运行效果如图 11-8 所示。

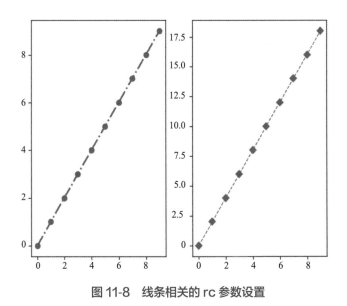

图 11-8　线条相关的 rc 参数设置

11.4.2　坐标轴相关的 rc 参数

坐标轴相关的 rc 参数名称及含义见表 11-3。

表 11-3　坐标轴相关的 rc 参数

参 数 名 称	含 义
axes.facecolor	背景颜色，接受颜色简写字符，默认为'w'白色
axes.edgecolor	边线颜色，接受颜色简写字符，默认为'k'黑色
axes.linewidth	轴线宽度，取值范围 0 ～ 1 间的 float 数值，默认为 0.8
axes.grid	是否显示网格，默认为 False
axes.titlesize	标题大小，取值范围"small""medium""large"。默认为"large"
axes.labelsize	标签大小，取值范围"small""medium""large"。默认为"medium"
axes.labelcolor	标签颜色，接受颜色简写字符，默认为'k'黑色
axes.spines.{left,bottom,top,tight}	是否显示坐标轴的某个边线，默认为 True
axes.{x,y}margin	轴边距，取值范围为 0 ～ 1，默认为 0.05

例 11.3　坐标轴相关的 rc 参数示例

```
import matplotlib.pyplot as plt
import numpy as np
x = np.arange(11)
plt.rcParams['axes.edgecolor'] = 'b'
plt.rcParams['axes.grid'] = True
plt.rcParams['axes.spines.top'] = False
plt.rcParams['axes.spines.right'] = False
plt.rcParams['axes.xmargin'] = 1
y = x
plt.subplot(1,2,1)
plt.plot(x, y, 'ro-')
plt.rcParams['axes.xmargin'] = 0.5
plt.subplot(1,2,2)
plt.plot(x, y, 'ro-')
plt.show()
```

运行效果如图 11-9 所示。几个设置坐标轴相关的 rc 参数语句，分别将坐标轴颜色设置为蓝色，背景有网格，隐藏上侧和右侧的坐标轴。注意，轴边距代表的是倍数，这里先设置为 1，表示在 x 轴方向上，图形的起始位置与 y 轴的距离等于图形的宽度。本例中图形的宽度是 10，第一个图形起始点 (0,0) 到 y 轴的距离也是 10。然后把 axes.xmargin 设置为 0.5，因为这个设置语句在第一个图形绘制完成后，因此只对第二个图形起作用。第二个图形起始点 (0,0) 到 y 轴的距离就是 5。

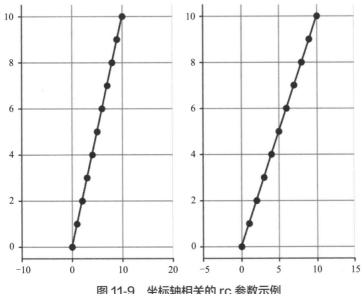

图 11-9　坐标轴相关的 rc 参数示例

11.4.3　字体相关的 rc 参数

在默认状态下，matplotlib 无法在图形中正常显示中文。先看下面的程序：

```
import matplotlib.pyplot as plt
import numpy as np
x = np.arange(0, 10, 0.2)
y = np.sin(x)
plt.plot(x, y, 'ro-')
plt.title('字体 rc 参数设置 ')
plt.xlabel('x 轴 ')
plt.ylabel('y 轴 ')
plt.show()
```

运行效果如图 11-10 所示。可以看到，图形的标题和坐标轴标签的中文都没有正常显示，变成了一个个的小方框。

要解决这种不显示中文的情况有两种方法，第一种是在程序中增加如下代码：

```
plt.rcParams['font.sans-serif'] = 'Kaiti'
plt.rcParams['axes.unicode_minus'] = False
```

第一行设置字体为楷体，第二行解决负号显示异常的问题。再次运行程序，效果如图 11-11 所示。

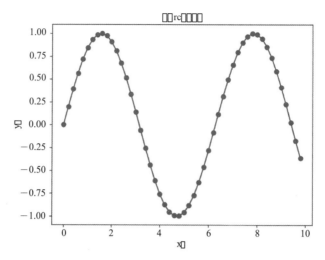

图 11-10　中文字符显示异常

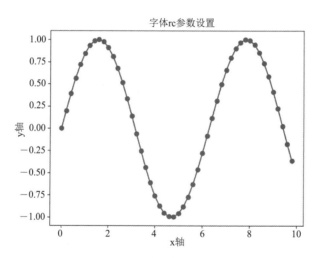

图 11-11　中文字符的正常显示

常见的中文字体见表 11-4。

表 11-4　常见的中文字体

中　文　字　体	说　　　明
SimHei	中文黑体
Kaiti	中文楷体
LiSu	中文隶书
FangSong	中文仿宋
YouYuan	中文幼圆
STSong	华文宋体

显示中文字符的第二种方法是在设置中文字符串的同时用 fontproperties 属性指定字

体，如把设置标题和坐标轴标签的语句修改如下：

```
plt.title(' 字体 rc 参数设置 ', fontproperties='SimHei')
plt.xlabel('x 轴 ',fontproperties='LiSu')
plt.ylabel('y 轴 ',fontproperties='YouYuan')
```

然后删除或注释掉以下语句：

```
plt.rcParams['font.sans-serif'] = 'Kaiti'
plt.rcParams['axes.unicode_minus'] = False
```

运行效果如图 11-12 所示。可以看到，这种方法可以分别设置不同元素显示不同的中文字体。

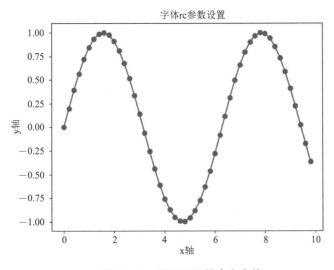

图 11-12　显示不同的中文字体

11.5　绘制常用图形

pyplot 模块中除了前面讲述的绘制线性图形 plot() 函数外，还提供了绘制条形图、散点图、饼图等多种图形，本小节就介绍这几种常用图形的绘制。

11.5.1　条形图

条形图又称为柱状图，是一种以长方形的长度为变量进行比较的统计图形，可以直观地展示数据的差异。

条形图的绘制使用的是 matplotlib.pyplot.bar() 函数，其主要参数见表 11-5。

表 11-5　matplotlib.pyplot.bar() 函数参数

参 数 名 称	含　义
x	接收序列，表示 x 轴的位置序列
height	接收序列，表示 x 轴对应的数据的长度（长方形的长度）
width	接收 0 ~ 1 之间的 float 数值，指定单个条形的宽度，默认为 0.8
color	颜色字符串或颜色字符串序列，前者表示所有条形同样颜色，后者对应不同条形不同颜色

例 11.4　2016-2021 年某产品年销量条形图展示。

```
import random
x_data = ["20{}年".format(i) for i in range(16,21)]
y_data = [random.randint(100,300) for i in range(5)]
color_data = ['b', 'g', 'r', 'y', 'm']
import matplotlib.pyplot as plt
plt.rcParams["font.sans-serif"]=['SimHei']
plt.rcParams["axes.unicode_minus"]=False
plt.bar(x_data, y_data, width=0.6, color=color_data)
plt.title("销量分析")
plt.xlabel("年份")
plt.ylabel("销量")
plt.show()
```

运行效果如图 11-13 所示。

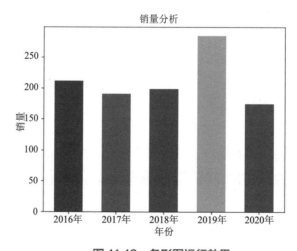

图 11-13　条形图运行效果

例 11.5　用并列条形图展示两个产品的销量对比。

```
import random
x_data = ["20{}年".format(i) for i in range(16,21)]
```

```
y_data = [random.randint(100,300) for i in range(5)]
y2_data = list(random.randint(100,300) for i in range(5))
import matplotlib.pyplot as plt
plt.rcParams[ "font.sans-serif"]=['SimHei']
plt.rcParams[ "axes.unicode_minus"]=False
x_width = range(0,len(x_data))
x2_width = [i+0.3 for i in x_width]
plt.bar(x_width,y_data,color="r",width=0.3,label="Phone")
plt.bar(x2_width,y2_data,color="b",width=0.3,label="Android")
plt.xticks(range(0,5),x_data)
plt.title(" 销量分析 ")
plt.xlabel(" 年份 ")
plt.ylabel(" 销量 ")
plt.legend()
plt.show()
```

相比前一个例子，这里的 bar 函数的第一个参数是另一种用法，是用数值来表示每个条形的位置。运行效果如图 11-14 所示。

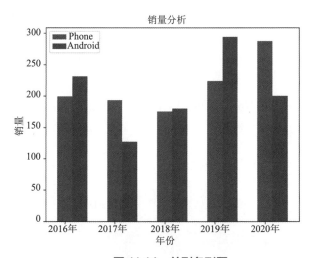

图 11-14　并列条形图

11.5.2　饼图

饼图是将各项的占比显示在一个圆里的图形，不同项用不同的颜色表示，可以直观地看出每一项占总体的比例。

饼图用 matplotlib.pyplot.pie() 函数来绘制。

例 11.6　操作系统占比饼图绘制。

```
import numpy as np
```

```
size = np.random.randint(0,100,5)
import matplotlib.pyplot as plt
plt.rcParams[ "font.sans-serif"]=['SimHei']
plt.pie(size,labels=[ "Windows","MAC","Linux","Android","Other"])
plt.title(" 手机系统占比分析 ")
plt.show()
```

其中，size 是一个有 5 个随机数元素
的序列，作为 pie() 函数的第一个参数。
labels 参数指定了饼图的标签。程序运行
效果如图 11-15 所示。

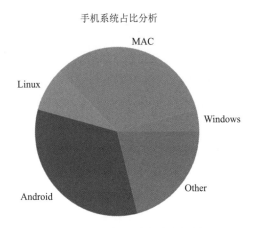

除了最基本的显示方式，还可以设置
某一项或多项的突出显示，使用 explode
参数。该参数接收一个数值序列，序列中
的每个数值表示对应项将突出显示的距离
占半径的比例。

图 11-15　手机系统占比分析饼图

将绘制饼图的语句修改如下：

```
plt.pie(size,labels=["Windows","MAC","Linux","Android","Other"],explo
de=[0,0.1,0,0.2,0])
```

该语句将 "MAC" 项突出显示半径的 0.1 倍，将 "Android" 项突出显示半径的 0.2 倍。
运行效果如图 11-16 所示。

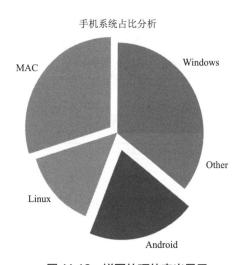

图 11-16　饼图的项的突出显示

目前的饼图只能看出每一项大致占比，如果希望有精确的百分比显示在饼图项的内

部，可以使用 autopct 参数。

将绘制饼图的语句修改如下：

```
plt.pie(size,labels=["Windows","MAC","Linux","Android","Other"],autopct='
%0.2f%%')
```

实现在饼图的项内显示百分比占比，百分数保留 2 位小数。运行效果如图 11-17 所示。

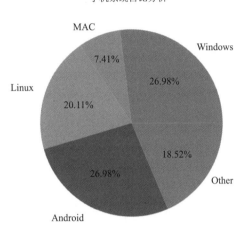

图 11-17　饼图的项百分比占比

11.5.3　散点图

散点图又称为散点分布图，是利用坐标点的分布形态如疏密程度和变化趋势反映数据间的关系的图形。

pyplot 模块的 scatter() 函数用来绘制散点图。scatter() 函数的参数见表 11-6。

表 11-6　scatter() 函数的参数

参 数 名 称	含 义
x, y	表示绘制的点的坐标的序列
s	指定点的大小
c	指定点的颜色
marker	指定点的类型。取值范围见图 9-3
alpha	取值范围 0 ~ 1 之间的 float 数值，指定透明度

例 11.7　使用散点图展示 2009-2019 年某电商双 11 成交额。

```
import matplotlib.pyplot as plt
years = [2009, 2010, 2011, 2012, 2013, 2014, 2015, 2016, 2017, 2018, 2019]
turnovers = [0.5, 9.36, 52, 191, 350, 571, 912, 1027, 1682, 2135, 2684]
plt.rcParams["font.sans-serif"]=['SimHei']
```

```
plt.scatter(years, turnovers, c='red', s=50, label=' 成交额 ')
plt.xticks(range(2008, 2020, 1))
plt.yticks(range(0, 3200, 200))
plt.xlabel(" 年份 ", fontdict={'size': 12})
plt.ylabel(" 成交额 ", fontdict={'size': 12})
plt.title(" 历年双 11 总成交额 ", fontdict={'size': 16})
plt.legend()
plt.show()
```

运行效果如图 11-18 所示。

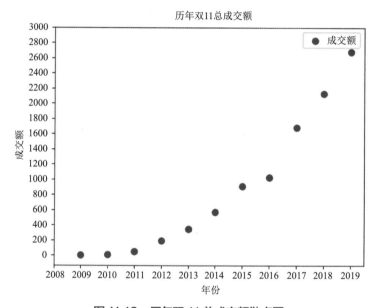

图 11-18　历年双 11 总成交额散点图

▊ 小　　结

本章介绍了使用 matplotlib 库实现一些基本的绘图功能，如折线图、条线图、饼图、散点图等。还可以使用 matplotlib 库绘制立体图、雷达图等更复杂的图形，更多内容请参考 matplotlib 官方网站。

▊ 练习与思考

1. 2016 ～ 2021 年某产品年销量进行折线图和条形图展示，将两种图形绘制在同一个绘图区域里。

2. 查阅官方文档等相关资料，使用 matplotlib 库绘制立体图和雷达图。

第12章
中文分词 jieba 库

在自然语言的分析处理中，往往需要把句子拆分成一个个的词语，这个过程就是分词。由于中文句子不像英文那样单词之间有空格，所以中文分词有一定的难度。

jieba 库是一个用 Python 语言实现的中文分词组件，支持简体、繁体。jieba 这个名字取自中文"结巴"的拼音，因为分词后再读起来确实很像"结巴"，非常形象。

在操作系统命令行执行 pip install jieba 即可安装 jieba 库，在使用前还要用 import jieba 语句导入。

12.1 jieba 库的使用

jieba 库分词有 3 种模式：精确模式、全模式、搜索引擎模式。精确模式把一段文本精确地切分成若干个词，该若干个词连起来精确地还原为之前的文本，不存在冗余单词；全模式将一段文本中所有可能的词语都扫描出来，将各种不同的组合都挖掘出来，分词后的信息再组合起来会有冗余；搜索引擎模式在精确模式基础上，对第一次切分后的那些长的词语进行再次切分，从而适合搜索引擎对短词语的索引和搜索，显然也会存在冗余。

jieba 库用于分司的主要函数为 cut() 和 lcut()，前者返回一个可迭代的数据类型，后者返回一个列表类型。默认为精确模式，如果加上 cut_all=True 参数，则为全模式。cut_for_search() 函数为搜索引擎模式。

例 12.1　jieba 库分词示例。

```
>>>import jieba
>>>s = '伟大光荣英雄的中国人民万岁'
>>>jieba.lcut(s)
['伟大光荣', '英雄', '的', '中国', '人民', '万岁']
>>>jieba.lcut(s, cut_all=True)
['伟大', '伟大光荣', '大光', '光荣', '英雄', '的', '中国', '国人', '人民', '万岁']
>>>jieba.lcut_for_search(s)
['伟大', '大光', '光荣', '伟大光荣', '英雄', '的', '中国', '人民', '万岁']
```

还可以使用 jieba.add_word() 函数将新词手动加到分词词典中，例如一些新的网络用语，可能还没有被纳入到现有的词典中，加入后可以保证更高的分词准确率。

例 12.2　使用 add_word() 函数添加新词示例。

```
>>>import jieba
>>>s = '伟大光荣英雄的中国人民万岁'
>>>jieba.add_word('的中国人民')
>>>jieba.lcut(s)
['伟大光荣', '英雄', '的中国人民', '万岁']
```

可以看到，虽然"的中国人民"不是一个合理的词，但仍然可以手动把它加入词典。

12.2　利用 jieba 库进行中文词频统计

在学习字典时，曾经对英文语句进行过词频统计。学习了 jieba 库之后，就可以对中文进行词频统计了。

先准备《三体》小说的 txt 文件，编码格式为 utf-8。编写程序对小说中的人物出现次数进行统计，代码如下：

```
import jieba
f = open('.// 三体 .txt', 'r', encoding='utf-8')
text = f.read()
f.close()
words = jieba.lcut(text)                #精确模式
counts = {}
for word in words:
    counts[word] = counts.get(word, 0) + 1
items = list(counts.items())
items.sort(key = lambda x:x[1], reverse=True)
f = open('.// 三体_ 词频 .txt', 'w')
for i in range(100):
```

```
    word, count = items[i]
    f.writelines('{}\t{}\n'.format(word, count))
f.close()
```

程序使用了精确模式分词，使用字典对词和出现次数进行存储。由于字典不能直接根据值进行排序，所以将字典的所有条目转换成了列表，再根据出现次数数值进行由高到低排序。最后，取出现次数的前 100 个输出到文件。程序运行后生成的词频统计文件如图 12-1 所示。

图 12-1　三体词频统计 1

可以看到，生成的词有很多空格、标点符号和无统计意义的词，所以需要过滤掉这些。修改向字典增加条目的语句如下：

```
for word in words:
    if len(word) <= 1:
        continue
counts[word] = counts.get(word, 0) + 1
```

运行效果如图 12-2 所示。

一个	3035
没有	2132
他们	1692
我们	1531
自己	1370
这个	1342
程心	1328
已经	1276
现在	1274
世界	1233
罗辑	1200

图 12-2　三体词频统计 2

可以看到，现在的词语里面有很多非人名的词语。可以创建一个不需要统计的词语列表，如果分词在这个列表里就不进行统计。同时把一些有歧义的人名作为新词填加进来。程序修改如下：

```python
import jieba
f = open('.// 三体 .txt', 'r', encoding='utf-8')
text = f.read()
f.close()
jieba.add_word(' 艾 AA')
jieba.add_word(' 章北海 ')
jieba.add_word(' 云天明 ')
words = jieba.lcut(text)
counts = {}
stopwords = [' 一个 ',' 没有 ',' 他们 ',' 我们 ',' 自己 ',' 这个 ',' 已经 ',' 现在 ',
             ' 世界 ',' 什么 ',' 可能 ',' 看到 ',' 知道 ',' 地球 ',' 太空 ',' 人类 ',
             ' 宇宙 ',' 三体 ',' 可以 ',' 就是 ',' 太阳 ',' 这样 ',' 不是 ',' 你们 ',
             ' 舰队 ',' 那个 ',' 飞船 ',' 只是 ',' 这种 ',' 出现 ',' 如果 ',' 时间 ',
             ' 两个 ',' 这里 ',' 文明 ',' 开始 ',' 最后 ',' 一样 ',' 起来 ',' 东西 ',
             ' 只有 ',' 发现 ',' 进行 ',' 这些 ',' 这是 ',' 还是 ',' 信息 ',' 它们 ',
             ' 感觉 ',' 计划 ',' 一种 ',' 太阳系 ',' 看着 ',' 然后 ',' 这时 ',' 一切 ',
             ' 很快 ',' 面壁 ',' 还有 ',' 人们 ',' 真的 ',' 进入 ',' 所有 ',' 那些 ',
             ' 空间 ',' 技术 ',' 光速 ',' 任何 ',' 存在 ',' 应该 ',' 一直 ',' 研究 ',
             ' 需要 ',' 世纪 ',' 消失 ',' 因为 ',' 行星 ',' 当然 ',' 只能 ',' 能够 ',
             ' 恒星 ',' 问题 ',' 完全 ',' 产生 ',' 一些 ',' 发出 ',' 水滴 ',' 黑暗 ',
             ' 变成 ',' 目光 ',' 一次 ',' 同时 ',' 孩子 ',' 生活 ',' 所以 ',' 工作 ',
             ' 这么 ',' 二维 ',' 系统 ',' 出来 ',' 甚至 ',' 方向 ',' 城市 ',' 不同 ',
             ' 突然 ',' 声音 ',' 巨大 ',' 发射 ',' 成为 ',' 一片 ',' 三个 ',' 不能 ',
             ' 位置 ',' 发生 ',' 显示 ',' 那里 ',' 冬眠 ',' 不过 ',' 认为 ',' 怎么 ',
             ' 周围 ',' 不会 ',' 由于 ',' 时代 ',' 其他 ',' 处于 ',' 其实 ',' 状态 ',
             ' 的话 ',' 几乎 ',' 纪元 ',' 一起 ',' 一下 ',' 看看 ',' 肯定 ',' 正在 ',
             ' 那么 ',' 速度 ',' 地方 ',' 仿佛 ',' 社会 ',' 目标 ',' 其中 ',' 感到 ',
             ' 眼睛 ',' 许多 ',' 以前 ',' 通过 ',' 思想 ',' 地面 ',' 立刻 ',' 有些 ',
             ' 后来 ',' 即使 ',' 似乎 ',' 威慑 ',' 战舰 ',' 整个 ',' 轨道 ',' 继续 ',
             ' 距离 ',' 以后 ',' 来自 ',' 回答 ',' 公主 ',' 她们 ',' 想象 ',' 注意 ']
for word in words:
    if len(word) <= 1 or word in stopwords:
        continue
    counts[word] = counts.get(word, 0) + 1
items = list(counts.items())
items.sort(key = lambda x:x[1], reverse=True)
f = open('.// 三体 _ 词频 .txt', 'w')
for i in range(10):
    word, count = items[i]
    f.writelines('{}\t{}\n'.format(word, count))
f.close()
```

运行效果如图 12-3 所示。

三体_词频.txt - 记事本
文件(F) 编辑(E) 格式(O) 查看(V) 帮助(H)

程心	1328
罗辑	1200
汪淼	613
智子	464
叶文洁	449
AA	320
章北海	316
云天明	316
大史	257
关一帆	245

第 1 行，第 1 列　100%　Windows (CRLF)　ANSI

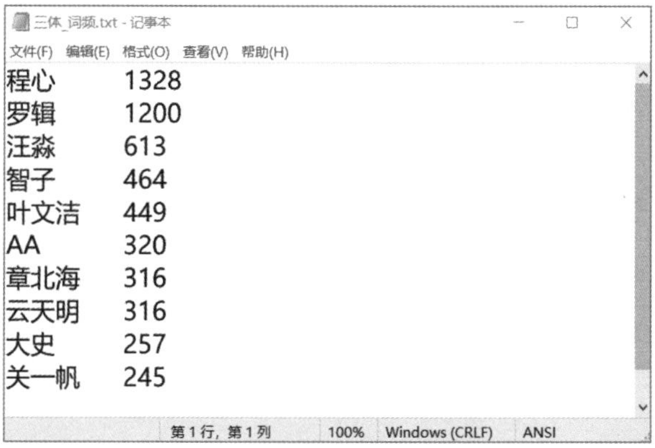

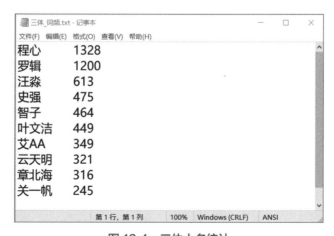

图 12-3　三体人名词频统计

可以看到，书中有些人物有不同的叫法，如“大史”和“史强”、“AA”和“艾 AA”、“云天明”和“天明”都是同一个人，应该一起统计。程序中的 for 循环语句修改如下：

```
for word in words:
    if len(word) <= 1 or word in stopwords:
        continue
    if word == 'AA':
        word = '艾 AA'
    elif word == '大史':
        word = '史强'
    elif word == '天明':
        word = '云天明'
counts[word] = counts.get(word, 0) + 1
```

运行效果如图 12-4 所示。

三体_词频.txt - 记事本
文件(F) 编辑(E) 格式(O) 查看(V) 帮助(H)

程心	1328
罗辑	1200
汪淼	613
史强	475
智子	464
叶文洁	449
艾AA	349
云天明	321
章北海	316
关一帆	245

第 1 行，第 1 列　100%　Windows (CRLF)　ANSI

图 12-4　三体人名统计

▌ 小　结

本章讲解了中文分词 jieba 库的简单使用。限于篇幅，对于更加深入的功能没有展开讲解，有兴趣、有需要的读者可以查阅官方文档等相关资料，进一步学习相关技术运用。

▌ 练习与思考

下载《三国演义》txt 格式的电子书，统计出场次数最多的 20 个人物。